午前零時の自動車評論 選集

2011
|
2014

沢村 慎太朗

目次

自動車の試乗記

力技

これで数えて7代目になったフォルクスワーゲン・ゴルフの試乗記を書こうと思う。

乗る機会を得たのは、1.2ℓ直噴ターボを積む車輌のうち、装備がいいほうのTSIコンフォートライン、そして1.4ℓ直噴ターボを積むTSIハイラインの両モデル。ただし、フォルクスワーゲン日本法人主催の報道試乗会において与えられた時間は短く、しかも当日は雨天だった。ゆえに、高速・高機動域での検証は満足にできているとは言えない。とはいえ、日本の一般的なVWユーザーが重視する負荷領域のことは検証できたし、実用車としての資質は十分に判断できたと思う。

まず、結論めいたことから書いてしまおう。

おそらくそうなのではないかと考えていたとおり、7代目ゴルフは、5代目、そしてそれを引き継ぐ6代目のようなクルマではなかった。理知がCセグメントという形態を取ったかのような隙のない機械とは少し違うゴルフであった——。

まず初めに肝に銘じておくことがある。日本における一般の、そして自動車メディアに無責任に氾濫する見解と違って、ゴルフは常に実用車の鑑だったわけではないという事実だ。

初代ゴルフのパッケージは確かに理知的であった。だがそれが理想そのもので完璧かというと、そこまでのものではなかった。背を起こして高く座らせてパッケージ効率を稼ぐという手法は、単にスタイリングのみならず車体構築も請け負ったジョルジェット・ジウジアーロによるものだが、高速走行時の性能を勘案して全高を抑える方針を主張したＶＷによって、彼の理想からは僅かに後退したものになっていたのだ。

とはいえ、その点を除けば初代ゴルフは設計にもアピアランスにも清廉が漂うクルマであり、機能性と商品性の両面で来るべき新時代を全世界に告げ、ＶＷ起死回生の大ヒットとなった。それまで欧州Ｃセグメントはセダン形態ばかりだったのだが、初代ゴルフによってそのカテゴリーはハッチバック形態であると常識が書き直され、トランクを持たぬハッチバックこそが実用車の中核という新時代が訪れた。そして、そのセグメントの王座にゴルフは堂々と座ったのである。

だがゴルフは、以降の世代でその清廉を少しずつ失っていく。王座を死守するために、加速性能から、それを生かす空力性能、そして居住性に至る、所謂商品性が少しずつ清廉に取って代わっていったのだ。

それが明々白々となったのは4代目のときである。プレミアム性を強調した裏で、パッケージは堕落して後席スペースに難が生まれ、乗り心地を優先したサスは高負荷高機動で綻びを見せ、そのために欧州では酷評されて、かつてのゴルフ流を思わせる理知的なパッケージ設計で颯爽と登場したフォードの初代フォーカスにシェアを大きく侵された。

こうして4代目ゴルフが初代フォーカスに撃破されたとき、VWは失敗を悟って方針を見直し、フォーカスを徹底的に分析した上で、迎撃機として5代目ゴルフを作った。6代目は、その5代目のプラットフォームやコンポーネンツをそのまま流用しつつ、智に働き過ぎたきらいのあった先代の角を丸めたような仕上がりの改良版であった。

そして満を持して、2012年秋に7代目が送り出された。

7代目ゴルフは、5代目、6代目と2代にわたって使ってきたプラットフォームを過去のものとして捨てて、MQBと名づけた新設計のそれを基盤に成立するクルマとなった。だが捨てたのは車台と生産設備だけではなかった。フォーカスに惨敗したことを糧に生まれた論理的な理想性にも区切りをつけた。

7代目ゴルフは、前の世代の精神を丸ごと引き継ぐ直系ではなく、4代目の系統図に連なるクルマである。

ただし、単なる4代目の再来というわけではない。方向性を4代目に立ち戻らせつつ、4代目において弱点となった要素を、現時点でのＶＷの技術力を総動員して矯正してきたのだ。7代目への世代交代は、そんなフルモデルチェンジである——。

7代目における4代目的なその精神は、まずパッケージ面に発見できる。

4代目ゴルフは、乗員を低く座らせる方向に転換して、自らが初代以来に設定した理想を離れてしまい、ゴルフのパッケージ精神を引き継いだフォーカスに付け入る隙を与えてしまった。そんなゴルフは、5代目と6代目で全高を1500㎜ほどに設定してパッケージ効率の理想に立ち戻った。ところが7代目は再び全高を削って1460㎜にしてきた。

これはおそらく欧州のＣセグメントの戦況に鑑みてのことだろう。

代を重ねるごとに肥大化を繰り返してきた欧州Ｃセグメントは今や、実用車としての枠組みをもはや踏み越え、その存在意義をスポーティな機動性とかデザインの華美新奇に求めるしかなくなってきている。加えて、旧西側各国でトラフィックの平均速度がかつてとは比較にならないほど落ちてきている。そのため、最高速を確保するために全高を持ち上げづらいという縛りが解けて、BセグメントやCセグメントにおいて、背の高いミニ・ミニバン的なモデルが派生車種として別途用意され——平均速度の低いアメリカや日本がいち早くそちらに進んだのを今になって後追いするように——欧州での勢力を伸張しつつある。こうした状況が指し示した行方が、全高を下げてスポーティに寄せたCセグメントであり、アルファロメオのジュリエッタもトヨタの欧州戦略車であるオーリスも、そしてこの7代目ゴルフも、そこに立ち位置を定めたわけだ。

具体的な数字を比べてみよう。6代目ゴルフと7代目ゴルフの全高の差は25㎜。キャビンのパッケージ設計においてそれがもたらす変化は明確で、7代目ゴルフの前席は6代目よりも、やや低めに設えられている。また、後席もその前席に対して座面が明確に高くされているわけではなく、眼前はフロントシートのバックレストに塞がれて、若干の閉塞感がそこにある。

また、7代目ゴルフは、エンジンの向きを先代までとは逆に、前方吸気／後方排気へと直して、同時に10度前方傾斜から12度後方傾斜に改めつつ、クランク中心の位置も前輪に対して後ろへ退いている。見方を変えてエンジンを起点に見ると、前輪中心は43㎜前に出ているのだ。7代目はホイールベースを6代目よりも60㎜長く取っているが、その延長しろの3分の2は実はこの43㎜

であり、キャビンの前後長はほとんど6代目と差がない。そういうキャビンスペースに低く座るわけだから、フットスペースに5代目や6代目のときのような余裕はなくなっている。

こんな具合に新型ゴルフは、5代目と6代目で実現した高効率パッケージに緩みを生じさせているわけだが、そこから先が7代目の見せどころであった。緻密かつ入念に諸要素を構築して、居住性に不満が浮上しないように考えられているのだ。

例えば、やや低く座る姿勢でも、ステアリングはテレスコピック調整しろが60㎜もあり、それを一杯に伸ばした状態でチルトが50㎜も利き、運転姿勢に自由度はたっぷりある。5代目および6代目の右ハンドル車では、ステアリングを近くに引き寄せて握ろうとすると、テレスコ調整を目一杯に利かせても座面を高く上げなければならず、そうするとブレーキを踏む際に膝がコラムカバーに当たりそうになるきらいがあった。明白なペダルオフセットはなく、十分に許容範囲ではあったけれど、右ハンドル化による違和感は皆無ではなかったのだ。ところが7代目では、やや低めに座るためもあるのか、コラムカバーと膝頭の接触を気にすることはなくなった。

また、こちらもお尻の位置が低くなった後席は、その尻の低さに合わせて座面後傾角が少なめに設定されるのだが、一方でバックレストは比較的立っており、その設えも背中を起こし気味にした姿勢で身体を不満なく預けることができるものになっている。ホイールベースが十分以上に長い大型の高級乗用車は、意図的にヒップポイントを低く設定して、バックレストも寝かせて、例えればソファに身を委ねるような姿勢で座らせることが多く、古くはシトロエンＤＳやロールス・ロイスの後席が典型的だが、７代目ゴルフはホイールベースに余裕がそこまではないから、そういう仕立ては難しい。結果、上体はきちんと立てつつ、お尻の位置だけが低いこういう座らせかたになったのだろう。

そういう風にお尻の位置が低いと、自然に下肢は前へ投げ出すような姿勢を取りたくなるものだが、それに対しては細部の設えで対応している。前席シートレールとそれを受けるフロアの突起を目一杯左右に広げて、爪先がその間に楽に収まるように工夫してあるのだ。

さらに言えば、７代目ゴルフの側面造形は、もはや手垢の付いたウエッジシェイプ指向ではなく、サイドウインドウとボディの境界線が水平基調になっており、後席に座ると肩がガラスの見切りから少し出るような按配で、先述した前後方向における閉塞感を側面方向で緩和する措置が執られている。

７代目ゴルフの居住空間は、パッケージの教科書の如きそれではないけれど、４代目で識者が眉をひそめた居住性のあっけらかんとした瓦解もそこにはない。仕事はなかなか精緻なのだ。

今度は、7代目ゴルフを内側からでなく、外側から眺めてみよう。

全高を低く取った車体寸法は、4代目ゴルフのときと同じようなスポーティな体躯という印象を与えることに成功している。

しかし、そこから先が違う。

4代目ゴルフは、そのスリークな体型を、禁欲的なまでにクリーンな面造形と、そのパネルのプレス精度、さらにはパネルどうしの精緻なチリ合わせで包んできた。

かたや7代目ゴルフの造形には、視覚を情緒的に楽しませるアクセントが仕込まれている。そのアクセントは、近頃の〈デザインを売りにしたプレミアム〉どものように無闇やたらと饒舌なだけの下品とは極北にあり、抑制がすばらしく効いていて眼に快い。さらには、ヘッドライトから後ろに伸びる緩やかな峰を、フェンダー部に落ちるところで一気に断ち落とす対比の妙も仕込まれる。側面に施した水平に近いアクセントラインと、その上下の面の優しい曲面もそうだ。2BOXという形態が不可避に要求するカタチに逆らうことなく、それらは慎重に盛り込まれて、しかもここぞという場所で視覚効果を発揮して見事なのである。

そして、その見事さは、緩やかな曲面の優しい情緒や、稜線の清冽を鋼板の上に表現可能とした驚異のプレス成型技術に支えられている。右記した7代目ゴルフの側面アクセントの造形は、どことなくアルファ147のそれを思わせずにはおかない。VW＝アウディ連合のデザイン部門を統括するワルテル・デ・シルヴァが、かつてアルファロメオ時代に手がけた147である。だが、その印象は大いに異なる。プレスラインのエッジが鈍く、プレス面の精度も甘く、ゆえに重い感のあった147に対し、ゴルフⅦは爽快に清新である。つまり、VWの技術力とコスト投入の決断は、4代目のときのように単に技巧をアピールするのでなく、今回は情緒を揺り動かす方向に使われたのだ。

7代目ゴルフにおける予め計算されたかのような遺漏は、パッケージ設計だけでなく、シャシーにもまた潜んでいた。

4代目ゴルフは、リアサスに初代以来のトレーリングアーム中間連結型トーションビームを使いつつ、乗り心地の優穏を目指して柔らかくそれを動かす仕立て。しかもロールセンターが以前よりも明確に低く設定されていた。こうして生まれたのは、思ったよりも低い負荷でリアがあっさり外へにじり出て気持ちよく曲がり、しかし高負荷旋回時にはスタビリティの不足が歴然という、低次元エンターテイメントと誇りを受けても仕方がないシャシーであった。フォーカスに付け入られる隙になったこのシャシー性能の低レベル化を根本から是正すべく、VWは、フォードのシャシー技術者を引き抜くような荒業まで繰り出して、リアにCセグメントとしては贅沢なダブルウイッシュボーン——分類としてはそうなるが、正確にはそれを発展させた4リンク——を開発した。これによって、5代目ゴルフおよびそのプラットフォームを流用した6代目ゴルフの操縦安定性はクラストップにのし上がったのだが、僅かな綻びがなくはなかった。フロントのストラットに対して、リアに格段に能力の高いダブルウイッシュボーンを組み合わせ、しかも高速直進安定性を最優先した動的ジオメトリーやアライメントに設定されたそれは、舵角の大きな高負荷旋回で急に前が逃げるという悪癖を隠し持っていたのだ。これは完璧に近いニュアンスで評価される5代目ゴルフと6代目ゴルフの、唯一と言っていい瑕疵ではあった。

という経緯があったことを念頭に置くと、7代目ゴルフにおける操縦性の仕立ては、なるほどねえと思わせるところにきちんと収まっている。

7代目ゴルフのリアサスは、上位車種がダブルウイッシュボーン、下位車種はトレーリングアーム中間連結型トーションビームと使い分けられている。これは、トヨタが欧州向けオーリスの先代において採った戦法である。なんとあのＶＷがトヨタの後を追ったわけだ。

ちなみに、中間連結型トーションビームは、単にサスの仕掛けが簡素になるだけでなく、サブフレームが不要になるなど付随する要素もあり、それがＶＷの主張する最大１００kgという軽量化の秘密の一端を担う。

ちょっと横道に逸れるが、車重の話が出たついでに、新旧ゴルフの車重の変化を車検証記載の重量で比べてみよう。

	車重	前軸	後軸
□6代目ゴルフ　1.2トレンドライン	１２７０kg	７８０kg	４９０kg
□7代目ゴルフ　1.2コンフォートライン	１２４０kg	７７０kg	４７０kg
□6代目ゴルフ　1.4ハイライン	１３４０kg	８５０kg	４９０kg
□7代目ゴルフ　1.4ハイライン	１３２０kg	８１０kg	５１０kg

言い添えれば、1.2のほうの直４ユニットは、６代目のときのアルミブロック版ＥＡ１１１型から、アルミブロックでボアピッチ82㎜という点では同じだが、ｕｐ！用３気筒の４気筒版である

EA211型に替わった。そして、過去のVWの技術発表を総合すれば、後者は前者に比べて5kgほど軽くなっていることになる。また、そのエンジンは前方傾斜搭載から後方傾斜搭載に変わって、後ろに荷重が掛かるようになった。そして、先に述べたように、前輪をエンジンに対して前に出してホイールベースを延長したのだから、ここでもリア荷重が増えるはずである。にもかかわらず、7代目は前よりも後ろが軽くなっている。リアサスがダブルウイッシュボーンから中間連結型トーションビームに格下げしたことがかなり効いているのが分かるのだ。

ともにダブルウイッシュボーンを使う1.4どうしでは、確かにフルモデルチェンジの通例を破って軽くはなっているけれど、目覚ましいと言えるような数字ではない。しかも、1.4ℓエンジンは、鋳鉄ブロック版のEA111型からアルミブロックのEA211型に替わって22kgほど軽くなっている。そして、先ほど示した6代目と7代目の1.4モデルにおける車重の差が、ものの見事にそれにほぼ一致する。

こうした事どもを総合して考えると、ホワイトボディはそれなりに――30kgくらいか?――軽いのだろうけれど、艤装品や遮音材などを投入するなどして、そのマージンを使ってしまっているという構図が浮かんでくる。

話を操縦性に戻そう。

今回、与えられた試乗車では、1.4TSIハイラインがダブルウイッシュボーンで、1.2TSIコンフォートラインが中間連結型トーションビームである。

その差異についてはのちほど詳述するが、両モデルともアシは滑らかに動く方向である。前サスのバンプストッパーの設定は、クリアランスが1.4で指2本ほど。それに対して1.2は指1本半ほどで、やや少なくなっている。ということは、1.2のほうがダンパーとばねが柔和な設定で、途中からバンプストッパーを縮ませて、それが生む反発力の漸増特性の助けを借りる方向と言えるわけだが、ここ最近の操縦性を看板にするクルマたちとは違って、アシまわりの全ばね系におけるバンプストッパー依存性は低い。つまり、嬉しいことに、きちんと動かすアシなのである。

そして7代目は、5代目や6代目のときのように、バンプストッパーが縮み出す前と縮み出したあとで、ストローク特性が急変することもない。このあたりのセッティングはだいぶ巧くなった印象である。その点では、依然としてバンプストッパー依存度が高く、それが助勢する領域と、そうでない領域で落差が依然として消せていないBMW現行1シリーズあたりを寄せつけないレベルに7代目ゴルフは達していると言える。

また、緩衝機構のそういう設定に呼応するように、サスアームに仕込まれるブッシュ容量は我々がイメージする欧州Cセグメントの平均よりは大きめな印象で、路面から加わる衝撃の角は丸められている。5代目ゴルフから6代目への移行のときに、VWは明らかにブッシュ弾性を増やしてきたが、基本的なところでのアシの性格に対して、その弾性増加は調和を僅かに欠いた印象があった。しかし、一から設定を始めることができた7代目では、その取って付けたような感覚はなく、アシの動きとハーシュの柔らかさが違和感なく馴染んでいる。おまけに見事なのが、路面アンジュレーションで車体を大きく煽られたときの所作である。ダンパーはタイヤの接地が失われぬギリギリで伸び側の減衰力を効かせ、アシを動かしつつ上屋はだらしなく揺すらない。言ってみれば実用車に理想の境地を見事に体現している。

そんな素敵な乗り心地は、タイヤがもたらしている部分も多分にある。1.2も1.4も、これまでのドイツ車の印象からすると、柔和な性格のタイヤを標準装着していたのだ。そして、その代償も、もちろんあった。

1.2が履いていたダンロップSPスポーツ・ファストレスポンス（205／55R16）は明らかに転がり抵抗を優先した性格で、路面を掴む能力は期待できず、実際にも強い旋回をすると、あっけなく鳴いてコーナリングパワーが頭打ちになる。1.4のピレリP7（225／45R17）のほうは、そこまでの脆弱性はないけれど、やはり乗り心地の柔和が優先する性格のタイヤで、グリップはそれなりのレベルに留まる。

こうした選択ゆえに、7代目ゴルフの旋回能力はスポーティを看板にするジュリエッタなどより低いところに留まる。その点では、4代目ゴルフのときと同じ匂いは明らかに漂うのだ。

ところが、そうして限界の高さと機動の鮮烈を欲張らなかったことが、5代目と6代目における前後バランスの微瑕の是正に役立っていた。

フロントの仕立ては依然として直安志向ではあるのだが、1.2も1.4もリアが粘り過ぎないことで前後のバランスが取れているのだ。冒頭で記したように、試乗で高負荷走行ができる状況ではなかったが、かなりの割合で瑕は塞がっていることが確認できたのである。

ここからは1.4（ダブルウイッシュボーン）と、1.2（中間連結型トーションビーム）との差異について述べる。

旋回の所作はリアサスによって微妙に異なる。リアサスの絶対的な能力が低い中間連結型トーションビームを使う1.2のほうは、それに合わせてフロントの操舵時横力ゲインが穏和化されている感覚だ。そんなフロントと、過渡域でもバランスが取れるように、リアのロールセンターも低めに仕立てられていて、旋回負荷を上げていくと対地キャンバー角が崩れて後ろが出やすくなっている。このままだと4代目の再現だが、あのように操縦安定性の不足感までは至らせずに止めているのが7代目の巧いところだ。

ちなみに、中間連結型トーションビームには、左右2点のボディ締結点ブッシュのところに横力トーインの機能を盛り込む方策をするのが近代サスペンション技術の常道になっているが、7代目ゴルフでもそれは明確で、このためにリアに横Gが入ると、いったんトーインで踏ん張る感触があって、しかるのちにヨー運動が発生していくという順序になる。

かたや、絶対的な能力に長けたダブルウイッシュボーンは、旋回初期には横方向にはっきりした粘りを見せず、最初から滑らかに自転運動に入っていく。ロールセンターは中間連結型トーションビームよりも高めのようだが、そのロールセンターの高さで初期から頑固に踏ん張るのでなく、そこはアシを動かして緩衝帯を作っておき、その先で荷重移動が大きくなっていくに従って、漸く後輪が踏ん張り始める感覚だ。おしなべて言えば、奥へ行くほど安定への座りが濃くなるシャシーと言える。俯瞰的に眺めれば、パワーユニットの能力に呼応するように、1.2の中間連結型トーションビームを低速優先に、1.4のダブルウイッシュボーンを高速重視にと使い分けた印象である。前者は4代目ゴルフ的な低次元収斂と言おうとすれば言えないこともないけれど、たぶんそれは計算ずくのことなのだ。

ゴルフ一台を高速移動から街乗りまでの全シチュエーションで使い切ろうとするユーザーは、形式による乗り心地の差異が気になるだろう。だが、そこもまた慎重に磨かれて落差が埋められている。バネ下が重くなるはずの中間連結型トーションビームでも、例えば初期型ザ・ビートル――中間連結型ではなく後端連結型の古典的なトーションビーム形式――のそれのような粗さは拭い取られているのだ。荒れた路面でリアが翻弄されるような場面では、確かにトーションビームのほうはバネ下が暴れる感じがなくもない。しかし、懸架装置についてはバネ下が軽いはずの1.4は、2ランク太いタイヤに1インチ径が大きなホイールを組み合わせるためだろう、不整でそれが衝撃的に動くきらいがあり、結果として両者のアシさばきは接近している。それどころか、一発のハーシュ系入力に対しては、1.2のトーションビームのほうが穏やかな乗り心地を示す場面が多々見られた。

総じて言えば、1.2は、リアの動きはまったり重めになるが、中低速域での乗り心地は穏和。かたや1.4は、操縦性は爽やかで懐も深くなるが、中低速の乗り心地はやや硬質になる。そういう違いがある。

こうしたアシの検分をしていくうちに気がついたのは車体剛性に関してだ。

7代目ゴルフは、上屋に対してフロアが強い感覚のボディである。1.2が用いるトーションビームは、先述のようにボディと左右2点のみで締結されており、タイヤからの入力はその2点に集中するわけで、勢い、その取り付け点まわりの剛性が求められてくる。これが不足すると、取り付け点まわりが震えて、その振動がフロア全体に広がり、分割振動を起こすことがある。こうなるとアシが柔らかくても、乗員の感じる居心地は悪化してしまう。現行ザ・ビートル初期型がその典型的な例だった。ところが7代目ゴルフは、取り付け点のブッシュで角が丸められ、さらにはそこで抑え込めなかった入力は強固なフロアで跳ね返されて、乗員には粗さを感じさせないのだ。

かたや上屋は、この強靭なフロアに対して、硬すぎない程よい按配の剛性感を見せ、下から入ってきた入力が、上のほうで適当に逃げてくれている感じがある。人間には嬉しいその感じが5代目や6代目にはなかった。上屋がこれでもかとカチンカチンに硬まっていて、下から入ってきた入力が上屋で逃げずに跳ね返されて、心和む居心地にはなっていなかった。近視眼的にはボディ剛性は高く感じるのだが、どこか不器用な様子のある車体だったのだ。しかし、7代目ゴルフにはそれがない。足元のほうが強いという、人間が本能的に望む剛性バランスになっているのだ。

ちなみに、日本の自動車メーカーのほうから漏れてくる話を総合すると、設計を分析した上で彼らは7代目よりも6代目のほうがボディは硬かったという結論に達しているようである。

かつて5代目と6代目は、上屋部分の鋼板パネル接合にレーザー線溶接を多用していた。ところがMQB新プラットフォームに変わった7代目では、その上屋部分の線溶接を、少なくない割合で接着に置き換えてきている。線溶接で繋げば、上屋はカチカチに硬くなる。しかし接着では、鋼板どうしを溶かして一体化させる溶接のような接合剛性までは出ない。

その代わり、接着では、鋼板の接合部分に挟まれた接着剤が一種のダンピングの仕事をして、振動がそこで吸収される。7代目において一気に好転した上下のバランス感は、こうしたボディ製造プロセスの違いが生んでいる可能性が高い。

新プラットフォームMQBにおけるこの変化を、コストダウンの表れだと解釈する見方も出てきている。思えば、フォーカスからの王座奪回を目指したゴルフ5代目は、当初から製造コストの割高が囁かれていた。だが5代目で確立した車体製造ラインの減価償却ラインは500万台レベル。そこで、6代目では車体設計をキャリーオーバーしてしのぎ、この7代目で満を持してMQBに転換して車体生産コスト低減を図ったというわけだ。

その筋読みは間違っていないと思う。だが、このボディの変化は、単なるコストダウンの表れではなく、接着に置き換えることで上下の剛性バランス改善を意識的に狙った結果なのかもしれない。なぜならば7代目のボディがもたらす印象は間違いなく5代目6代目よりも好転しているのだから。だとすればVWは、乗り心地というきわめて曖昧模糊とした評価軸に対する微分的なセンスでのアプローチをついにものにしたということになる。これまではひたすら正攻法でエンジニアリングを積み上げることでクルマを作ってきたドイツ人が、その積分回路的な方法論をいったん脇に置いて、フランスやイタリアのような微分回路的なアプローチを獲得したということになるわけで、もしもそれが正しければ、これぞ鬼に金棒ではあるのだが——。

最後になったが、パワートレインの仕事ぶりに関しても触れておこう。

1.2ℓの直4は、ビートルや6代目のそれとボア×ストロークこそ一緒だが、実は同じものではなく、up!の3気筒の4気筒版である。なのだが、体感する性能面では明白な差は感じなかった。アクセル操作に対して電制スロットルが敏感に反応し、また7段DSGが電光石火のシフトチェンジを繰り返す八面六臂の大活躍をして、その両者の連携によって不可避に存在するターボラグを懸命に消そうとしている様子など、よく似ている。DSGの変速モードが、郊外では飛ばすければ市街地では40km/h以下の低速で大人しく走る欧州での常識的なパターンに沿っているあたりも同じ。こういう仕立てだと、ゼロ発進から80km/hあたりまでの加減速を多用せざるを得ない日本では微妙に使いにくくなるのだが、そこも変わらないだろう。

絶対的な能力に関しても大きな差はなさそうだ。6代目ゴルフの1.2は、全開全負荷で踏んで明瞭な加速感が得られるのは160km/hくらいまでというクルマだった。燃費との引き換えに、高速走行に秀でるドイツ車のイメージを裏切る絶対性能だったのである。そして7代目の1.2も同じだった。7代目のEA211型1.2ℓ直4の動弁系は、先代のEA111型のSOHC2弁とは違ってDOHC4弁にアップグレードしているから、全開全負荷での性能は上がって然るべきなのだが、スペック上は最高出力105psに最大トルク17・8kgmとEA111型と同じで、走らせた印象もそれに準じていて大差はなさそうなのだ。空力的洗練やホイールベアリングの摺動抵抗の低減など、走行抵抗への対策は施されているようだから、160が170になるくらいの違いはあるのかもしれないが。

かたや、1.4にはそういう不足感がない。発進加速も余裕があって、1.2のようにパワートレインの全メカニズムが総出で必死に加速を整えている感じがない。ハーフスロットルくらいまでの中間加速の勢いは十分以上と言うべきで、小排気量ターボが不得意とする全開全負荷も試乗の範囲では不満はなかった。日本的な中低速走行に的を絞るなら1.2だろうが、車輛価格も高く、入れるガソリンもハイオク仕様となる欧州車をわざわざ買うモチベーションまでを想定に入れ、だとすれば万能機として期待するのが当然だと考えるならば、1.4にしくはない。

まとめよう。

7代目ゴルフは、その根底の精神においては4代目ゴルフである。と同時に、ただの4代目ゴルフの再来ではなく、4代目における根源的なネガを技術の力ずくで叩き直した矯正版でもあった。そして、その達成レベルは相当に高く、現時点でのCセグメントの競合車を寄せつけない。

理想的とは間違っても言えぬ基本設定を、ここまでに構築し上げたVWの力ずく、恐るべしである。これは皮肉ではない。

（FMO 2013年7月2日号／午前零時の自動車評論6収録）

機械の心

ここ1年ほどで最も感銘を受けたクルマのことを書こうと思う。

試乗記において感銘という単語が使われることは、もしかすると珍しくないのかもしれない。だが、おれは、あまりそういう言葉を使わない。なぜなら単に機械のデキがいいというだけでは感銘は受けないからだ。機械の仕上がりがよいだけでなく、その機械を作った人の心が見えたとき、その心のありように感銘を受けることがある。そして今回が数少ないそういう例だった。

優秀な機械であるのみならず、感銘を受けざるを得ない心が機械の向こう側に明瞭に見えてきたクルマ。それは新型レンジローバー・スポーツである。

レンジローバー・スポーツは、SUV界に屹立する巨塔たるレンジローバーの、その派生版として生まれたモデルである。

常識的な思考回路を持つ者であれば、背の高い巨体を持つSUVと、スポーツという単語の組み合わせに違和感を抱くはずだ。だが、そういうモデルが生まれたのには理由があった。

ご存知のように、ランドローバー社は、原点となるランドローバーに始まって、その発展系上位モデルのレンジローバーも、そしてもっと小さなCセグメント格のフリーランダーも、皆揃ってオフロード走破性にあくまで軸足を置いたモデルだった。レンジローバーなどは、世界のマーケットにおいて、オンロード使用が大半の、高級で洒落たSUVとして人気を博したけれど、ひとたび荒路に連れ出して走らせてみれば、それは紛うことなきオフローダーの鑑だった。

ところが、1994年にBMWが同社を傘下に収めたあたりで、市場のほうが様子を変えていった。

BMWは、支配下に収めたランドローバーの技術ノウハウを吸い上げて、1999年9月に初代E53系X5を送り出す。初代X5は、当時の5シリーズを下敷きにして、そこに大改編を施してSUVに仕立て上げた成り立ちのクルマであり、オフロードでの実力はなかなかのものだったが、出自が出自だけに重心はやはりオンロード寄りに掛かっていた。このときランドローバー社はBMWの管轄のもとで3代目L322系レンジローバーを開発中だったが、これは各要素にBMW由来のものを混入させつつも、開発の現場はイギリスのランドローバーが主体であり、モデルとしての重心も依然としてオフロードの方向にあった。BMWとしては、オフロード方向は本家に任せ、自らの会社イメージに引き寄せた方向でX5を仕上げて、商圏が重ならないように意図したのだろう。

ところが、初代X5が、SUVの発生地であり、巨大なマーケットでもある北米で、目覚ましい販売台数を記録したことで他の欧州メーカーが動いた。その中で最大の敵になったのがポルシェ。彼らはVWからのトゥアレグ設計開発依頼に乗じて自らも基本設計を共有するカイエンを創り出す。そしてカイエンは、X5を歯牙にもかけぬオンロード性能を誇り、瞬く間に欧州製SUVの筆頭格にのし上がった。

欧州発SUVの王者を以て任じるランドローバーとしてはこれを座して見てはおれなかったのだろう。2004年に初代L320系レンジローバー・スポーツを急遽追加するのである。

だが、このときランドローバーはBMWの政策転換によってフォードの手に渡っていた。フォード支配下において、BMW色の濃い3代目レンジローバーを改変してレンジローバー・スポーツを作ることを彼らはよしとせず、ベース車輛はひと足先にデビューをすることになるディスカバリー3となった。

ディスカバリー3は、レンジローバーとサイズは同等だが投入コストは廉価という基本コンセプトにもかかわらず、ランドローバーの看板を汚さぬ水準を確保したクルマだった。にもかかわらず、恐らくは開発が拙速だったのだろう、初代レンジローバー・スポーツは、オンロード性能ではカイエンに比肩するレベルになく、また味わいの点ではレンジローバーよりずっと落ちるという中途半端で、かつ生硬いところが目につく仕上がりだった。ありていに言えば、颯爽としたそのスタイリング以外に見るべきところはほとんどない凡作だったのである。

かたや、世代が更新した今度のレンジローバー・スポーツは、2012年にデビューした4代目L405系レンジローバーと基本を共有するクルマである。2代目に至ってレンジローバー・スポーツは、漸くランドローバーが腰を据えて作り出したクルマになったのだ。

では、兄弟である4代目レンジローバーと2代目レンジローバー・スポーツのディメンションがどう異なるのか確認してみよう。

	全長	全幅	全高	軸距
レンジローバー	5005㎜	1985㎜	1865㎜	2920㎜
レンジローバー・スポーツ	4855㎜	1985㎜	1800㎜	2920㎜

というわけで、オーバーハングが150㎜ほど削られてはいるが、ホイールベースは同じで全

幅は同一。一方で全高が65㎜低い。これがレンジローバー・スポーツである。

ちなみに、兄貴分の４代目レンジローバーは、今や同門となったジャガーに倣って総アルミ車体を採用しているが、当然ながら基本を共有する２代目レンジローバー・スポーツも総アルミ車体となった。その車重は同じ5.0ℓＶ８機械過給ユニット搭載車どうしで、あちらが２５２０㎏なのに対して、こちらは２４３０㎏。上面投影面積に対する重さでは、あちらよりも少し小さい（軽い）数字になっている。

□静態観察

さて、右で明らかにしたように、レンジローバー・スポーツは兄貴分のレンジローバーよりも数字の上でははっきりと短く低い。だが、横に並べるならともかく単体で見ると、レンジローバー・スポーツは実に威風堂々としている。

その要因はエクステリアの造形にある。

英国ソリハル工場で生まれたレンジローバー・スポーツは、兄貴分レンジローバーから派生したという出自を明白に形で示すようなデザインが施されている。まず目に入るのは、ブラックアウトされたＡＢＣＤ全てのピラーをはじめとしたお馴染みのディテール処理。これによって、レンジローバー・スポーツはレンジローバーの血族であることを明確に主張する。少し離れて全体を視野に入れれば、ボンネットの先からリアゲートに至るまで、ほぼ水平基調でまとめられた土台の部分がどっしりと落ち着いて安定感を生み出していることにも気づく。こういう土台の重厚はレンジローバーと相通じるが、その土台に対してこちらのルーフラインは後ろ下がりに造形されていて、これによって視覚的にダイナミズムを演出し、スポーツを名乗る上での形態における証としている。

実はこの造形処理は、市場で競合車として相まみえるＢＭＷのＸ５や、ポルシェのカイエンとは正反対なのだ。両ドイツ車のエクステリア造形は、重厚に塊感で迫るのではなく、できるだけスリークに見せたいという意思がありありである。あからさまなのはカイエンで、尖端で尖らせた鼻先にしても柔らかく膨らませたリアゲートにしても、カタチそのものに動的なイメージを盛り込もうとする狙いがはっきり分かる。できればパナメーラに、いや９１１になりたい。そう言っているようなデザインである。だからカイエンは、屋根がレンジローバー・スポーツとは違って水平気味なのに対して、ウエストラインは後ろ上がりで明瞭なウエッジを描く。ウエッジという点ではＸ５も同じだ。２０１３年デビューした3代目Ｘ５は下敷きにするエンジニアリングも世代交代してF10系5シリーズのものになったが、それだけでなくエクステリアの造形メソッドも5シリーズの流儀を適用した。X5はあくまで5シリーズの血族だと主張する。

　つまり、レンジローバー・スポーツとドイツの競合車は、生まれいずる処のみならず、向いている目線も、具体的な形も対照的なのだ。


　対照の構図はインテリアも同じである。

　カイエンの運転席は、911やパナメーラと相似形の、なだらかに傾斜した巨大センターコンソールやメータークラスターに囲まれる。運転姿勢も、背中を少し倒し気味にして内装に埋もれるように座ったときが最もぴったりくる。視点の高さを忘れてしまえば、これがカイエンだかパナメーラだか分からなくなる。X5も同様。ダッシュもコンソールも5シリーズのそれによく似ていて、上体の収まりかたも一緒。両車ともスポーツカーあるいはスポーツセダンのそれとして構築されたデザインであり、今乗っているクルマがオフロード走行に片足を置いたSUVであるという意識と、目の前の景色がすんなり馴染んでくれずに不思議な感覚になる。

　かたやレンジローバー・スポーツの運転席は、あくまでランドローバーが伝統として固執するオフロードヴィークルのそれ、所謂コマンドポジションのメソッドで仕立てられる。これは背中をすっくと起こして眼前のダッシュや窓の外の景色を見下ろすように眺める姿勢であり、大袈裟に言えば重機のような大きな乗り物を指揮官として操って荒野を行く感覚を醸成する。

ただし、レンジローバー・スポーツは、右ハンドル仕様の運転環境に関しては、満点がつけられる仕上がりとは言えない。ステアリング軸はシート座面の中央にぴたりと合致するが、ブレーキペダルがそのステア軸の真下なのだ。もう少し右にあってくれると右脚を真っ直ぐ伸ばして無意識に踏める。オフセットと誇るほどの歪みではないけれど、完璧ではないのだ。

シートはサイドサポートが脇腹のあたりに効く設計。背中を立てて座る姿勢が基本の乗用車において、正しいサイドサポートは肩甲骨の下をそっと支えてくれる作りのものだが、ランドローバー車の場合は上記のように背中を立てる方向にもかかわらず、もっと下を押さえる。これはオフロード走行を勘案した結果なのだ。車体が大きく傾いたとき、その状態で万全にクルマをコントロールするには、車体の傾角と関係なく上体を垂直に保つ必要があり、そのためには肩の裏で横方向サポートを効かせてはまずいのである。

後席は割り切った作りだ。左右席は独立したシートに近いデザインになっていて、可倒式のアームレストも巨大。それをバックレストに押し込んで中央席部分に座ろうとすると、座面は膨らんでいて尻が落ち着かず、頭は天井内張りに触れることになる。ここに長時間座らされたら災難だ。ちなみに左右席も、座面長が少し足りず、後傾角が不足気味で腿が浮きがちになる。兄貴分のレンジローバーのほうは、こうではなかったから、全高を65㎜下げた皺寄せがここにきているのかもしれない。言い添えれば、カイエンやX5の後席は、座面長も後傾角も、完璧とは言えぬまでもずっと欠点が少ないものになっている。そこに万全を求めるならばレンジローバーのほうをということなのだろう。つまり、前2座を主眼に割り切った仕立てということである。

□動態観察

動的状態の検分に移る。

走り出してすぐに分かるのは車体の見切りのよさだ。

全幅2mになんなんとするこの巨体にもかかわらず、レンジローバー・スポーツはどこに四隅があり、どこに側面があり、どこにタイヤがあるのかが驚くほど掴みやすい。サイドミラーを覗いたり、伸び上がったりせずに、ただ前を見ているだけで車体アウトラインが明確にイメージできるのだ。

これはランドローバーから現行レンジローバーに至る全ての同社のクルマに共通するもので、運転時のストレスはディメンションから想像するレベルの数十分の一だ。例えば、車線の際をタイヤの外面でなぞるような走りが、ミラーなぞ覗かずに正面を向いた視界からそれをイメージするだけでできてしまう。また、隘路でも物理的には巨体にもかかわらず、取り回しにさほど神経をすり減らさずに済む。実はレンジローバー・スポーツの試乗車は、ごみごみした裏道に面したコインパークに停めておいてもらって、試乗日の朝に初めて乗り込んで走り出したのだが、パーキングロットから出庫して表通りまで這い出すのに何の痛痒も感じなかった。高価そうなホイールを縁石で擦る心配もなかった。

こういう見切り性は、実はオフローダーにとってきわめて重要な要件である。数年前にトヨタのランドクルーザー・プラドに試乗したときにそれを痛感した。試乗メニューには山あいの荒路もあったのだが、前輪を轍から外して進もうとしたとき、プラドはイメージよりもタイヤが実際にはその幅2本ほど外側にあって、見事に轍に嵌まって往生した。これは断じてこちらのオフロード運転能力不足のせいではない。同じ状況で各世代のレンジローバーやディスカバリーを運転したとき、それらでは見事にイメージどおりの位置にタイヤがあってくれて、轍に入れるも外すも自在だったのだ。就中、恐れ入ったのは3代目レンジローバーでゲイドンの開発センターに併設されたオフロード体験コースを走ったときのこと。目の前にある茶色く濁った深そうな沼を突っ切れと言われて恐る恐る進入して、車体にチャポチャポと水が当たる音を聴きながら何事もなく脱出したのだが、その際に車体のどのあたりまで水面が来ているのか、フロントガラス越しに眼前に展開する水面を眺めているだけで、なぜかそれが分かってしまったのだ。

2代目レンジローバー・スポーツでは、そういう荒路には行かなかったが、今回の検分の範囲でも、車体の把握性は過去のランドローバー車と共通だろうと十分に確信できる。総じて過去の車輌が揃ってそうなのだから、間違いなくランドローバー社には、車体をこう設計して、造形やウインドウグラフィックなどをこうデザインすれば、こういう把握性が生まれるというノウハウが存在しているはずだ。

そして、トヨタにはそれがない。この間、新型ハリアーの試乗会に行った。ハリアーは、車線を右輪外面でなぞって走っているつもりになって、確認のためにサイドミラーを眺めると、実際にはタイヤ2本分内側に入っていた。プラドのときと同じ始末である。そこで開発責任者に、ランドローバー各車の例とともに、そのことを要改善点としてコメントした。すると開発責任者は、こちらの言いたいことは理解するとした上で、そういう観点はなかったと正直に答えてくれた。

車体担当もデザインも実験部門も、そういう要素を開発テーマに織り込んで仕事をしていないとのこと。盲点というやつである。誰も気にしていなければ、守備網の狭間に打球が落ちてポテンヒットになるのは必定だ。

ただし、トヨタだけがダメだと言いたいのではない。実は、この点において、あのカイエンが駄目なのだ。先代の前期(955系)、後期(957系)、現行(958系)の全てにおいて、カイエンは非常に車体の把握性が劣悪で、今どこに鼻先の左右隅があるのか、どこに側面がきているのか、きわめて掴みづらい。狭い道を走ったり、幅が狭い車線を車列に混じって走るときなど、サイドミラーを意識的に確認しておかないと、カイエンは居てほしい場所を簡単に逸脱する。全幅はレンジローバー・スポーツよりも5cmほど狭いのに、この面でのストレスは倍以上なのだ。たぶんカイエンの開発陣もそういうことは頭にないのだろう。でなければ、デザインは変えているのに3世代とも同じように把握性が悪いなどということはあり得ないはずなのだから。

そこへいくとX5は、遥かに扱いやすい。BMWは過去も現在も車体把握性に優れるクルマ作りを漏らさずきちんとやってきた実績のある会社で、数あるメーカーのうちでもこの点では抜きん出ていて、現行X5も例外ではない。だが、それでもランドローバーには敵わない。設計メソッドとして数式化しにくいこういうことは、支配下に置いていた6年くらいでは吸い上げきれなかったのだろう。

巨体の取り回しの容易に安心して、周囲の流れに乗って走ると、今度は音振の仕上がりのよさに気がつく。

既述のようにレンジローバー・スポーツは総アルミ車体だが、手軽に仕立てたその種にありがちな、軽薄な硬さとでも言うような振動感——例えば360以降のフェラーリがそうなのだ——がない。先代パサートや現行ベンツAクラスのようにサブフレームが勝手にガソゴソ震えることもない。2013年に試乗した現行レンジローバーも、字面で表すぶんには同じような形容になったが、感じるものはずいぶん違う。何よりもレンジローバー・スポーツには靴底が厚いような土台の堅実感がある。これは、車体の床部と上屋の剛性バランスならびに剛性と振動減衰特性の両方が入念に仕上げられていることを意味する。

4代目レンジローバーは全く白紙新設計の新型車にしてはまずまずの出来だったが、十分に煮詰められた感じまでは持っていなかった。ところが、同じ基本を使っての2作目となるレンジ・スポーツは、格段に練れた様子が気取れるのだ。これは単純に上屋が低いから剛性が楽だとかそういう話ではないと思う。総アルミ車体ノウハウが彼らの中に蓄積されたのだ。

また、車外騒音の遮断もきわめて優秀だ。これは如何なる仕業かと確かめてみると、サイドガラスの厚みはフロントで5.1㎜もあって、しかも2枚の薄板の間にフィルム層を挟み込む構造。リアはラミネートでなく1枚だが、厚さは4.8㎜あった。加えて床下からの排気音の対策を含め、遮音材の配置は入念。好印象は高速走行でも持続したから、手厚い遮音に加えて、ボディ形状の工夫もあるのだろう。傍目には四角い箱に見える車体ながら、その細部には空力の管理が行き届いているのだ。

こういう優秀な車体を加速させるエンジンは、本国ではディーゼルを含めて多くのバリエーションがあるが、日本に導入されるのは3.0ℓV6機械過給（340ps／45・9kgm）と5.0ℓV8機械過給（510ps／63・8kgm）の2種。

後者がジャガーAJV8型だということは容易に察しがつくだろう。では前者はと言えば、これはAJV8を、バンク角90度のまま6気筒化して仕立てたもののようだ。試乗車はこちらだった。

そのV6の過給機は、AJV8型と同じようにイートン製ねじり4葉式スーパーチャージャーであり、言うまでもなく過給圧の応答性はターボに優り、低回転でもトルクは確保できるはず。

なのにレンジ・スポーツの発進はどこか鈍重でノソッとしている。せめてもう少し勢いよくとアクセルを多少乱暴に扱っても、発進トルクの盛り上がりは穏やかに推移し、目覚ましいダッシュを演じようとはしてくれない。2.4tの車重を思い出さざるを得ない重厚な動き出しなのだ。

だが、街道筋から高速道路へと走るうちに、これが新開発V6の能力の不足を意味するのではないことが分かった。ペースを上げるとレンジローバー・スポーツは徐々に生き生きとしてきて、高速においては豊かなトルクで余裕たっぷりの加速を演じてくれるのである。

つまりこのクルマの電制スロットルは、発進時や低速時には意図的にそういう動きになるようにセッティングされているのだ。考えてみれば、悪路での発進や微速走行、とりわけスタックからの脱出時には、繊細なアクセルワークと、これに正確に呼応した繊細なトルクデリバリーが求められる。オフロードを誰よりも知り尽くしたランドローバーだからこその加速の構築である。

ちなみに、このクラスのSUVはトルコン+遊星ギア方式のATを使うのが常道で、レンジローバーもレンジローバー・スポーツもX5もZF製の8HP型を用いるし、ポルシェもPDKはカイエンに適用していない。言うまでもなく、それはゼロ発進時クラッチ締結の際の急峻なトルク伝達を嫌ってのこと。なのだが、動き出しの領域におけるレンジローバー・スポーツの変速機の仕事ぶりは、同じATを使う他車のそれよりも穏和に感じられるのである。

こうして発進時において穏和なところを見せるレンジローバー・スポーツだが、路面不整の処理に関しては穏和を超えて見事なまでに上品な足さばきを演じてみせた。その緩衝機構は圧縮エアを用いた所謂エアサスなのだが、我々がエアサスと聞いてイメージするそれの最上に近い仕事をする。不整を踏んだときに、まず角が十分に丸められた感じのショックがあり、柔らかいそのショックで上屋が優しく持ち上がり、しかるのちに元に戻る。ゆったりしたその動きの中で、いつの間にか路面不整は飲み込まれている。大径のタイヤとホイールを履いてバネ下は如何にも重そうだが、重そうに感じるだけで暴れることはない。実に見事で美しい所作である。

密閉された気体をばねとして使う緩衝機構は基本的に漸増レートになるから、その動き出しは柔和になって当然ではあるが、代償としてロール時にも初期ストロークがスルスルと出てしまうことになる。レンジローバー・スポーツもその例に漏れず、旋回時の初期ロールも挙動としてははっきり顕す。ステアリングを切ると、まず上屋がぐらりと傾くのだ。全高1.8m車重2.4tを嫌でも思い起こす瞬間である。だが、そうして速いスピードで立ち上がったロールは、すぐに落ち着いて、上屋はそれ以上よろめいたりしない。気づかぬうちに安定した旋回姿勢に入るのである。

その際のロール軸は前下がりで、フロント外側がリア外側よりも大きく沈む。これは、後ろ上がりになる上屋の慣性主軸に対してロール軸を平行に設定することでロールモーメントを前後で均すという運動制御の古典的ロジックに従ったもの。サス形式が前後リジッドだった初代レンジローバー以来の伝統だ。

そして当然ながらレンジ・スポーツの機動はその仕立てに従ったものになる。

例えば、高い速度を保ったままコーナーに放り込むような運転をすると、フロント外側が沈んだ勢いでリア内側が浮き気味になり、てきめんにロールアンダー傾向になる。速度と負荷が限界に近いところだと、リアが左右に逃げて蛇行しかけるときもある。

ところが、進入の手前で減速を終えておき、アクセルを開けながら曲がり始める手順だと、リアが明確に沈み込んでくれてレンジスポーツは万全の旋回性能を示す。これはリアにリジッドを用いる車輛に典型的な特性でもある。レンジローバー・スポーツはリジッドではないのに、往年のリジッド時代のマナーを踏襲しているのだ。

また、既述のように足の動き始めは軽く滑らかだから、旋回中に舵角を雑に出し入れすると、上屋はてきめんに左右に揺れ動く。柔らかく丁寧なステアリング操作は必須だ。つまり強引に引きずり回すような運転は駄目で、足さばきのリズムに合わせたゆったりした動きを意図的に作って走らせるべきこれはシャシーなのである。

□考察と結論

そんな具合に、縦にも横にも前後にもレンジローバー・スポーツは、きわめて上品で優しく、そして穏和で優雅な動きをする。兄貴分のレンジローバーご本尊に比べればスポーティとは言えるが、それでも世の中がイメージするスポーツとは若干ながら性格を異にする仕上がりだ。

それは例えばカイエンと比べたときにはっきりする。カイエンも緩衝機構は圧縮エアである。にもかかわらず、初期ストロークは見事に抑え込まれていて、実際には上屋は傾いているのだが、運転しているほうではそれを感じにくいように仕立てられている。といってアシが締め上げられているという感じでもなく、バネ下から角張ったショックが来るわけでもない。あまりにその姿勢制御が見事なので、質量の大きさと重心の高さを忘れてしまうほどだ。旋回機動性も同じ。低負荷から高負荷までカイエンは実にきれいに整った挙動で曲がっていく。レンジローバー・スポーツでは曲がる行程の中でトルクが後ろから前へ渡されていく様子がありありと分かるが、カイエンの場合はそれとは悟れず、何も意識しない裡にトルク分配が行われて、滑らか至極のコーナリングを完了する。ＳＵＶに乗っていることを忘れさせるそれは挙動で、２ｔ超の車重はポルシェのシャシー技術に完膚なきまでに制圧され、あたかもパナメーラあたりでも走らせているような錯覚に陥るのだ。そして、半ば錯覚を抱いたまま運転しても、その際の穏和ならざる操作に対して、カイエンは素知らぬ顔で澱みも濁りもなく走ってゆく。

一方でレンジローバー・スポーツはそうではない。発進のときも旋回のときも、2.4ｔかつ高重心を常に意識させられる。だから、まともな頭の持ち主ならば自然に運転操作は丁寧で優しくなり、そうして操る人間がクルマと一体になって初めてレンジローバー・スポーツは美しく走る。と書くと限界が低いかのような予断を持つかもしれないが、Ｖ６機械過給モデルは、同じコーナーでカイエンＶ６よりも進入も脱出も限界速度は僅かに低い程度だった。クルマが暗示する操作メソッドを無視すれば落差は２割にも３割にもなるだろうが、尊重すれば追い縋ることは十分可能なのだ。

そこまで考え至ったときに、ランドローバーの開発者たちが狙ったものが見えた気がした。

彼らは、こういうクルマが２ｔ以上の重大な質量を持ち、かつ重心も高いという危険な存在であることを、包み隠さず運転者に伝えようとしているのだ。なおかつ、こういう物体にはそれに応じた扱いかたがあることを走らせているうちに分からせようとしている。その上で、スポーツを名乗るにふさわしい限界レベルの高さを提供する。運転する人間の心理まで読んで、それも込みで仕上げられたこれは機械なのだ。

２ｔ超の質量を技術で完膚なきまでに制圧するポルシェの技術はすばらしい。全く以て尊敬に値するとしか言いようがない。磨き上げた技術を積み上げて物理の神に喧嘩を売るのがドイツ人であり、ポルシェは９１１で、そしてカイエンで、それを最高の水準で実演してみせた。それはそれで自動車技術の高みの具現であり、そこを目指すメンタリティがなければ自動車は停滞して化石になる。

だが、カイエンに乗れば物理の制圧があまりに澱みなく行われてしまうことにいつの間にか人間は慣れ、無意識の裡にとんでもない高速高負荷の走りをすることになるだろう。そして、ふと我に返って、そうして動かしている質量の大きさを思い出し、そのギャップを本能が理解できなくて戸惑いと畏れを抱くことになる。

かたや、レンジローバー・スポーツを走らせるとき、心理の深層に生まれるストレスは驚くほど少ない。自分が扱っているものが内包するリスクを常に意識しながらも、結果的にそのリスク域には踏み込まずに済ませてくれるからだ。重く背の高い巨体を軽く低く小さなクルマと同じように走らせる。それがどういうことか、鹿爪らしいお説教でなく身体感覚にさりげなくメッセージを発して自然に分からせた上で、人間の欲望を果たさせてやる。それこそがオンロードSUVなどという本来はナンセンスな物体を創り出す者の役目だとランドローバーの人々は胸に刻んでいるのだと思う。

レンジローバー・スポーツのすばらしさは、車体剛性感や乗り心地や音振や高速機動の優秀にあるのではない。メカニズムの向こう側に浮かんで見えてくるその心がすばらしい。技術の高さにおいてカイエンは圧倒的だが、機械を作る心の深さにおいてレンジローバー・スポーツは他を寄せつけない。だからこそ、この機械に感銘を受けたのだ。

（FMO 2014年2月11日号／午前零時の自動車評論7収録）

フェラーリの意味

Ｆ12ベルリネッタ。何と言っても市販フェラーリの旗艦である。正直に言って、ミドシップではなくフロントエンジンという点で心の圧縮比は僅かに下がる。それでもＶ12フェラーリの最新作だ。期待はあった。

だが、接近遭遇の瞬間に、せっかく持ち上げた圧縮比がまた少し落ちた。

路上に停まっていたＦ12ベルリネッタはお尻をこちらに見せていた。そのお尻を見て、トヨタ86によく似ていると思ってしまったのだ。

トヨタ86の車輛全幅は１７７５㎜だが、リアエンドをあまり絞り込まず、さらにはテールランプの赤い円を目一杯に外側へ寄せたデザインゆえに、結構幅広く見える。かたやＦ12ベルリネッタはダイナミックにお尻を絞り込み、絞った内側に一対の赤い円形のテールランプを配する。その結果、イメージが似てしまっているのだ。さらには、屋根からお尻にかけてのスロープバック角度も、下辺が後ろで跳ね上がるリアクオーターウインドウのアウトラインも、その直下でリアフェンダーが張り出すあたりの造形も共通する。もちろん、サイズに余裕があるF12のほうがずっとダイナミックで迫力があることは間違いない。しかし、後ろから見たときのF12の印象は、凡百のスポーツカーと隔絶した特別なマシンのようには見えず、最近の流行のモードをまとった後輪駆動クーペが1台そこにあるといった風情なのである。

見た角度も悪かった。F12のデザイン上の特徴は、ボンネット左右に穿たれた巨大なエアインテークと、これに連通するフロントフェンダー上の孔から始まる側面の深い彫り込みである。それが後ろからの視角ではほとんど目に入らなかったのだ。前面には旗艦としての偉容と機能的必然性を兼ね合わせてピニンファリーナが造形したと思しき大ぶりなグリルやカナードといった嚇しのデザインも施されるのだが、当然ながらそれも見えない。後ろから近づいたのが失敗だった。前から遭遇したらきっと第一印象は異なっていただろう。

とはいえ、F12ベルリネッタに遭遇する皆が皆、都合いい角度で見てくれるとは限らない。かつてリー・アイアコッカがいみじくも言ったように、人はクルマを後ろから眺める機会のほうがずっと多い。その伝でいくとF12は平凡なスポーツクーペに見えてしまう。前任車599GTBフィオラーノは、ゴシック建築のひとつの特徴だった飛梁を想起してフライングバットレスと英国メディアが呼んだ独特のＣピラー形状を発案し、これによって、平凡なプロポーションを、平凡ならざる立体として見せることに成功していた。しかし、このＦ12にはそういう明瞭な刺激がない。どこからどう見ても、この世のものとは思えない偉容を誇っていたテスタロッサが懐かしくなる。かつて超高性能車はミドシップ化されてスーパーカーとなった。テスタロッサやカウンタックの造形は、ミドだからこそ為し得た視覚の驚異であった。フロントエンジンという形態では、どんな才能が寄って集ってこねくりまわしても、その異次元に達することはないのだ。

そんな風に少し残念な気持ちを抱いたまま、ドアを開けてＦ12に乗り込んだ。

眼前に展開するのは、４５８イタリアやＦＦで見慣れてしまった光景だ。運転席正面には３セクションに区分けされたメータークラスター。中央が大径のタコメーター。それを挟むようにＴＦＴ液晶ディスプレイが左右に配される。右は速度計とナビ画面に切り替わる。左には車輌の様々な要素の現況を示す各種のモニター表示が映し出される。ダッシュ中央にぶら下がる空調コントロールパネルも、たぶん４５８やＦＦと同じものの流用だろう。上下が平らに潰された非円形のＣＦＲＰ製リムのスポーク部に、スターターボタンやら運転モード切り替えが配されるステアリングホイールも同様で、これは４５８やＦＦのみならずマセラティ・グラントゥーリズモも同種を使う。あっと驚く新鮮はそこにはないのだ。そこにあるのは、原色が飛び交う色彩の喧騒と、決して風情あるとは言えぬ素材感の平凡だ。フェラーリの内装が大人の鑑賞に堪えるものだった時代はとうに過ぎ去った。今のフェラーリは、お客にF1ごっこをさせることを最優先に内装がデザインされて、かつてのように設えのいちいちにフェティシズムを抱くのではなく、オンボード映像にイメージを重層させて楽しむものになってしまった。F1こそが社のアイデンティティであり、そこがランボルギーニやアストンとは異なるフェラーリの最大の武器なのだから、それを否定する気はないけれど、マーケティング的に決してお利口ではなかった過去をつい想ってしまう。

回想に浸っていては現代の最新車の評価はできないから、頭から湧き出る想念を拭い去って、トヨタでもプジョーでも手始めに行ういつものメソッドを履行する。運転環境の確認だ。

ステアリング軸は運転席の真正面に生える。問題なし。しかし、ブレーキペダルはそのステアリング軸の真下にあった。ペダル踏面も大きいから、これをペダルオフセットと誇るほどの偏移ではないが、理想的でないことも事実である。458イタリアのブレーキペダルはもう少し右にあって、自然に右脚を伸ばしたところに、さあござんなれと待っていてくれた。それがF12で少し崩れているのは、右側にでんとのさばるセンタートンネルのせいだ。

巨大なセンタートンネルは、往年の大排気量エンジンをフロントに積む後輪駆動クーペの常例だった。重量配分に鑑みて大柄なエンジンをできるだけ後ろに押し込んで積もうとすると、その後ろに連なるトランスミッションが室内に盛大に突出することになる。ゆえに、これを覆うセンタートンネルが巨大化してフットウエルを侵食する。その結果、ペダルが割を食って、全体に左に寄ってしまうことになる。

こういう理路で生まれる瑕疵を大きなエンジンを積むFRは悉く有するわけだが、考えればF12のエンジン直後にトランスミッションはない。それは後輪にトラクションを掛けるべく、リアアクスルのところに移動しているのだ。しかし、フェラーリの現行フロントエンジン車の場合は、FFもこのF12も、その場所にトランスミッションのそれによく似た三角錐形状のケースが繋がれて、そこから後ろにプロペラシャフトが伸びる。その三角錐のために、やはりセンタートンネルは巨大になってしまった。

これをF12は運転席を僅かに左に向けることで補っている。だから運転ポジションを決めて、シートにぴたりと身体を密着させて正しく座れば、その僅かなペダルオフセットは意識の水面下に沈んで気にならなくなった。とりあえず、ここも看過すべからざる問題はなしとする。

ダッシュボードは、F355以前のミドシップ車たちほどではないけれど、現代の乗用車の平均に比べればずっと低く抑えられている。ダッシュが低いということはフロント隔壁の丈が短いということで、それは乗用車どもには不可能な設計である。ウエットサンプの馬鹿でかいオイルパンを底に抱く乗用車のエンジンは、その背丈が不可避に高くなってしまい、さらにはそこに歩行者保護の要件が加わってボンネットとの間に隙間を設けなければならず、結果としてフロント隔壁が高くそびえる設計となる。翻ってフェラーリV12は驚くほど背が低い。ゆえにフロント隔壁の丈も短くなってダッシュも低くなるのだ。

だが、その低いダッシュに対して、お尻の位置が十分に低くない。365GT/4BBのように簡素な構造のハンモックシートを設えることができた1970年代ならいざ知らず、現代の高価格車は、それが重量をはじめとした様々なネガを生むことを承知で、お尻に優しい厚みのあるクッションと、かさばる電動システムを盛り込まねばならぬ。乗員の質量によってクルマ全体の重心位置は変わってしまうのだから、スポーツカーならばこそ可能な限り低く座らせたいのに、床に対してお尻が高くなってしまうのだ。そこに、AM98パーセンタイルだのといった体型標準値の要素が運転席まわりの設計ファクターに加われば、車輌全高はどうしても1.2mを超えてしまうことになる。全高1.1m台に収まっていた往年のスーパースポーツに比べて、現代のそれがどうも平凡に見えてしまうのは、単にデザイン力の凡化のみならず、そのあたりにも間違いなく原因がある。

言い添えれば、この着座位置の問題は、これまでのフェラーリの通例からすれば、オプションで用意されるバケットシートを入れれば解決する。試乗車の標準シートは肩部のサポート性能がシャシー能力に対して完全に不足していたから、旗艦ベルリネッタを旗艦らしく走らせようとするならば、それを注文したほうがいいだろう。

さて、そんな具合に十分に低いとは言えぬシートに座って前方を眺めると、ダッシュ越しにボンネットは目に入ってこない。これでは長いノーズの把握が困難だろうと思いきや、ボンネットの左右に盛り上がった峰がちらりと見えて、これが目印になってくれる。目に入る箇所は前輪ホイールアーチのあたりなのだが、そこから先の所謂フロントオーバーハングは流石フロントミドシップであって、さほど長くなく、ノーズ前端がどこにあるかイメージはできる。意外にも、さほど困らないのだ。

だが、困ることは前方ではなく後方にあった。リアクオーターの死角が大きいのである。F12

のリアクオーターウインドウは下辺が後ろに行くほどキックアップしている。そのために斜め後ろがかなり見えづらい。ポルシェ991系911と同じパターンだ。車線変更時には大いに神経をすり減らすことになるだろう。

覚悟を決めて走り出す。

まず気がつくのはステアリングだ。操舵感が異様に軽い。フェラーリは賢明にもF12に油圧による操舵アシストを採用し、余剰を楽しむ大排気量車まで電動アシスト化してエコを謳うドイツ勢のような偽善はしなかった。当然だ。どう考えてもそれが正しい。しかし、その油圧アシストが低速では過大なきらいがあって、ステアフィールはスカスカに軽いのだ。とは言っても、それは操作に要する力が少ないだけで、前輪の感覚は伝えてきてはくれる。かなり薄味だが必要な情報は気取ることができる。

そしてまた、このF12の操舵系は異様にクイックだ。ギア比が明らかに速い上に操舵反力が軽いから、普通の感覚でステアリングを扱うと鼻先が大袈裟に動いてしまうことになる。ただし、舵角と前輪横力ゲイン立ち上がりの関係は不出来なEPSのように乱れてはいないからすぐに慣れて、この設定に合わせてゆっくり切れば事は済む。操舵ギア比の速いクルマを非難する声もあるが、要はリム回転に対する前輪切れ角の割合ではなく、舵角ゼロから所定の舵角に至るまでのフィールと描写力の正確性と連続性なのだ。とはいえ、F12の舵の利きは強烈ではある。慣れるまでは注意する必要がある。

タウンスピードの範囲では、V12はおとなしく振る舞う。やたらとモリモリと威勢よくトルクを放出させるわけでもなく、トロリと回ってトロリと推進力を湧き出させる。こういうエンジンに対してツインクラッチ式トランスミッションは、自動変速モードに入れておくと、40km／hほどで4速に、50km／hで5速にという具合に、昔、教習所で習ったような早めのシフトアップをするから、余計に動力性能の過剰は意識せずに済む。V12がたてる機械音や燃焼音も、後方からの排気音も、窓を閉めている限りは聴覚を僅かにくすぐる程度。エンジンマウントも締まっていて、アクセルの開閉に伴ってシャクるようなこともない。トヨタ86よりも街中を這いずるのは間違いなく楽だ。

ただし、穏和なのはパワートレインに関してだけで、乗り心地はその限りではない。

端的に言ってF12のアシは硬い。電制ダンパーも連動する運転モード切り替えを、ドライ路面における通常のドライブ向けであるとフェラーリが薦める〝スポーツ〟に入れていると、路面の不整はそのまま車体に伝わってきて安寧ならざる乗り心地を呈する。バンプストッパーで安易に硬めたクルマのようにモコモコと揺すられるのではなく、ばねもダンパーも正直に締め上げた類のクルマに特有の直裁的な硬さである。これに対して、サスペンション取り付け部の剛性は過不足のないレベルを確保しているから、硬いアシに対してどこかが変形して、突き上げモーメントが位相遅れを伴って複雑怪奇に乗員を襲うような不快にも至らない。要するに厭わしい硬さではないのだ。F12のアシは、記憶の中の599GTBよりも硬く締められているが、これを支える車体側の設えもレベルが上がっている印象で、総合的には辛口度合いは増しつつ、アシ運びの精度は向上したと言っていいと思う。

ちなみに、こうした硬いアシの動きは、運転モード切り替えにおける最軟弱の設定となる〝バンピーロード〟に入れると一気に緩和される。ただし乗用車的な快適さではなく、定数の高いばねに対してダンパー減衰力が過度に低い様子でアシが動くから、突き上げの角は丸くなるが上屋は緩く揺れる。やたらと欲張って幅広い特性を狙わず、基本を硬い方向に寄せておいて、緊急避難的な軟弱モードをひとつ用意しておいたということなのだろう。これは日産GT－Rと同じ考えかたであり、正解だと思う。なぜならば、硬軟に広い設定を目指せば、ダンパーの可変のみならず、それを生かすためにばねの定数を低くしておかねばならない。すると柔らかいばねを強いダンパー減衰力で抑え込むという芳しからざる組み合わせとなり、そういうダンパー依存性の高いアシでは、低速低負荷でも高速高負荷でも質の高い挙動は得られない。その点でいくとF12のばねは明確に硬く、ダンパー減衰力との均衡は適切な範囲を逸脱していない。というよりも、740psをきっちり受け止めるには、ダンパーだけでなくばねも締める必要があったのだろう。フェラーリに乗っているんだと自覚しつつ走らせている側としては、狙った範囲がもっと広いFFよりも、心理的にはすっきり飲み込める硬いアシである。

加えて言えば、この剛直なアシ運びには標準装着のミシュランのパイロット・スーパースポーツもひと役買っている。パイロット・スーパースポーツは甘っちょろいタイヤではない。740psに対処する路面把握力と構造的な剛さを与えられたこのタイヤは、その裏腹で少々の気遣いが要る。筆頭に挙げられるのが温度依存性だ。試乗時は気温が10℃を下回る深夜で、当然ながら路面温度も低かった。それに対してパイロット・スーパースポーツは少々ペースを上げた程度では暖まってくれなかった。車載のタイヤ温度モニターでは30℃近辺を示しているのに、そのモニターに表示されるサインは〝ゴー〟ではなくて〝ウォームアップ〟のまま。そういう指示も尤もだと頷けるのは、轍に進路を取られてワンダリング風の動きが出たり、路面不整に追従する踏面の粘り腰がいまいち足りなかったりしたからだ。Sタイヤほどとまでは言わないが、きっちり暖めるまでは気を許せないタイヤであり、旧世代のパイロット・スポーツ2あたりとは別物だと肝に銘じておく必要がある。

こういう風に適温まで上がりにくいタイヤのこともあって、いつまでも街中を這いずり回ってばかりいても仕方ないと考え、郊外に出るルートを辿ってペースを上げる。

全自動変速からパドル変速に切り替え、前が開けたタイミングを見計らってアクセルを弄る。するとV12の実力の一端がほのかに見えてきた。

そのトルクの出方はやはりV12らしく、基本的には如何にもクリーミーである。それが回転の上昇とともに素直に盛り上がってスロットルの動きに美しく追従してくる。

ただし、そのクリーミーの表面に微粒子が乗ってくる。65度バンクV12不等間隔着火エンジンゆえの不整脈が生む、きわめて細かい粒立ちだ。ベースの乳状的感触に対するスパイスとしてこれが効いて、内燃機らしい存在感が演出されて麗しい。サルーンのV12であれば、60度バンクでひたすらクリーミーに徹する所作こそが正しいが、スポーツカーの場合はそれでは刺激性が不足して肩透かしとなる。フェラーリが近代V12に65度バンクを選び続けるのは、バンク間に埋まる吸気系の自由度を慮ってのことなのだろうが、情緒の上でもその65度は効果を発揮している。

滑らかさと存在感を両立させているそのＶ12を、それが本性の全てなのか探るために、踏み込んで負荷を上げていく。

すると、待ってましたとばかりに野生が顔を出した。５０００ｒｐｍを超えたところで、それまで上品に振る舞っていたＶ12は一気にパワーを炸裂させる。つまり、このエンジンは古典的な高回転パワー志向なのだ。吸排気系もバルブタイミングも恐らくそちらに合わせてある。それによって不足する低速特性は6.3ℓという大排気量で十分に填保できる。そういう思考経路でこのエンジンは仕立てられている。ＦＦのＶ12もそうだったが、こちらのＶ12はさらにその色が濃くて荒々しい。

そんな荒ぶる野生は、手動であれこれアップシフトを試みたとき、エンジンとトランスミッションの協調制御の仕立てで裏づけられた。その制御ソフトは２０００ｒｐｍ以下を使わせてくれない。それ以下に回転が落ちるようなシフトアップは拒否されるのだ。つまり、乗用車のそれのように低回転で負荷を掛けて粘らせることを視野に入れた設計ではないということ。大排気量エンジンにもかかわらず、ブン回して使うように設えられたそれはＶ12なのだ。

速度と負荷が上がってきて車体の様子もはっきり見えてきた。アルコア製の総アルミ構造を採るF12の車体は、かなり硬い。恐らくFFのそれよりも硬い。似たような作りで短くしたのだから、曲げもねじりも剛性向上して当然ではあるのだが。

そして同時に、この車体が完璧でないことも分かった。前と後ろの剛性バランスがいまいち釣り合っていないのだ。リアに関しては、シート背後の構造——後車軸部分とトランスアクスルを覆うように一段高く棚のようになっている部分——で硬めている印象で、かなり剛性は高い感じを受ける。かたやフロントはそれほどの剛強を感じない。硬いアシがもたらす入力によってビリビリとした振動を生んでしまい、それが剛性に対する微かな疑念を呼び起こすのだ。そんな按配で、F12の車体は、前と後ろがかけ離れたモードで震えながら走ることになる。

統一感という意味では、前後だけでなく上下もその傾向がある。フロアは決して弱くないのだが、それ以上に上屋が硬い印象。上屋の剛性といってもルーフ部分で硬めたそれではなく、前記のリアの棚状の部分になるのだが、サスペンションからフロアの取り付け部を経て上に登ってきた振動が、きれいに減衰していってくれない感じがあるのだ。458スパイダーのように前と後ろで位相ずれが発生するような事態は困るが、もう少し上下の按分に気を配ったほうがいいと思う。このせいで入力に対してピーキーで神経質に反応する傾向が挙動に生まれてしまっている。

走っていてクルマの動きが落ち着かないのだ。

その一方で、かつて599GTBで指摘した情報伝達力の不足に関しては、タイヤの仕事ぶりが全く伝わってこない状態は脱しており、幾ばくかの向上は見られた。そのスピードはまだ食い足りないが、進歩はしているわけだ。


高速を降りて隣県の山岳セクションに踏み込んだ。

そこで明らかになったのは、機動の基本的な仕立てだ。

ステアリングを切る。速い操舵ギア比が効いてハナが一気にイン側に振れる。そして振れるやいなや、自転中心が一気にお尻のあたりまで前進してくる。これには驚いた。

公道を走る市販車の場合、車輌運動の推移は概ねこんな具合に仕立ててある。操舵でフロントが横に動き、それに呼応して後輪にスリップアングルが発生してグリップが立ち上がり、しかるのちにそのスリップアングルが深くなってきて、自転運動の中心が後車軸のあたりから徐々に前に出ていく。まず、後ろが路面を食っている安心感を伝えておき、その上で回り込む動きを作るわけだ。安定から軽快へと振る舞いをなだらかに変容させていくのである。

ところがF12は違う。速い操舵ギア比が急峻なフロントの動きを作り、そのフロントの動きに遅滞なくリアも追従して動き、車体がドライバーを中心に回転するような状態まで一気に持っていかれる。きわめて鮮烈な旋回の入りかたをするのだ。

ここまでヨー起動が鮮烈だと、前荷重を入れて、さらに前輪が効く状態にしてステアリングを切ったらどうなるのか、という疑念が生じる。試してみた。すると今度は一転してリアが粘る。外輪に荷重が掛かってそれによってグリップが増加するとか、ロールによって対地キャンバーが増加した後輪がキャンバースラストを発生して、それによってリアが横に踏ん張るという感じではない。これは、左右輪が拘束されて、それによって発生するリアの粘りだ。つまり、ＬＳＤが効いて、左右輪が異なる回転をすることを規制されて生まれるリアの踏ん張りである。

前荷重の多寡によって拘束力を変えて、それによって荷重依存性が薄い旋回マナーを作るという電制ＬＳＤの使いかたは、４５８イタリアのそれと同じメソッドではある。しかし４５８は、前荷重が薄い状態、すなわちフロントが効きにくいときでも、これほどリアが軽く動かなかった。一方、Ｆ12はずっと軽くリアが動いて一気に車体は旋回しようとする。恐らくサスペンションの動的ジオメトリーが規定する部分において、Ｆ12は４５８よりもずっとニュートラルステアに寄せてあるのだ。その仕立ての違いはレイアウトの差に立脚しているのだろう。Ｆ12も端的な前後輪荷重の比率においては後ろが大きいのだが、そうは言っても重量物たるエンジンは前にあって、それが車輌のヨー運動を最終的に安定に収斂させる方向に寄与する。このマージンのぶんアシを旋回志向に寄せてあるのだ。極端に言えばユーノス／マツダ・ロードスターと同じ志向性であり、つまりはGTではなくスポーツカーのセッティングだ。

では、そういうターンインをしたあとF12はどう振る舞うのか。

進入の段階で十分にヨーが起動するならば、次はパワーオンの機会を探るだけ。そしてコーナー中盤から後半にかけてアクセルを開けていくことになる。

そうするとフロントが外側に押し出されるような動きが出てくる。所謂プッシングアンダー気味に移行するわけである。その場合、リアが沈んだ反動でハナ上げ姿勢になって、その結果フロントが外に逃げるような過程は辿らない。V12の質量で押さえつけられたフロントは浮遊せぬまま、ただ単に外側に軌跡がずれていくのである。ゆえに、挙動としてはアンダー移行ながら、このまま前が頼りなく抜けていってしまうような不安感は発生しない。

とはいえ本格的にアンダー移行すると厄介ではある。そこでアクセルを戻してみる。これで車体を真っ直ぐ押し出そうとする力はなくなって、フロントは内側に引き込まれるはずである。ところが、そうはならない。フロントは余計に外にはらもうとするのだ。観察すると、前輪の仕事ぶりが甘くなっているのではない。リアが粘りを増して、その粘りが前輪の仕事を凌駕するので、結果としてドリフトアウト気味になるのだ。そのリアの粘りもまた間違いなく電制ＬＳＤの働きによるものである。Ｆ12のＬＳＤは、舵角が当たった状態でアクセルオフすると拘束力を強めてリアを落ち着かせる方向に設定されているのだ。

ここまでの検分結果をまとめると、Ｆ12というクルマの挙動は、進入で鮮烈ニュートラル、しかし後半でアンダーという組み合わせということになる。竜頭蛇尾の旋回マナーだと思うかもしれない。だが、まだ先があるのだ。フロントが逃げたら、アクセルを戻すのではなく、逆に踏み込むのである。するとＶ12は待ってましたとばかりに後軸にトルクを流し込み、後輪はあっさりとスリップアングルを増して旋回特性はいとも簡単にニュートラルに戻り、さらに踏めば弱オーバーの姿勢まで取ろうとする。このときリアのロールはさして増えずに、だから途中で対地キャンバーが崩れるようなことにはならず、後輪のスリップアングル増加はひたすらアクセル開度に呼応して推移する。要するに、アクセル開度の加減によって、いくらでも姿勢をコントロールできるのだ。

だから屈曲路でのＦ12は、前半はステアリングで、後半はアクセルで曲がるような運転になる。

それが最も楽で自在に旋回をこなせる操縦法であり、結果としてF12は常に斜めに滑りながら曲がるような感覚の機動に自然になっていく。まるでスキーをしている感覚なのだ。そのスキーはフランシス・レイの『白い恋人たち』がバックに流れるような優雅なそれではなく、見事に対極のBGMで行われる。排気系の切り替えフラップが開いてV12の咆哮が木霊し、またミシュランのパイロット・スーパースポーツが地面に焦げる音と匂いを発現させる。そういう暴力的な現象とともにF12はコーナーで身を翻すのである。それはフロントエンジンの融通性が740psと組み合わさって形成された世界であり、フェラーリが旗艦ベルリネッタに埋め込んだダイナミズムの情緒である。力感と優雅を両立させたそれは走りの境地である。

その境地に陶然となって忘我で走り、帰る時間が迫っていることに気がついて帰途を急ぐことになった。そして道すがら、F12に隠されたもうひとつの仕立てを掘り出すことになった。

道路状況が許す限りのペース。ギアは5速。前が開けたので、そこからアクセル開度を40%ほどから70%に増した。その瞬間にリアからガツンと衝撃音がした。トラクションコントロールが作動したのだ。これには恐れ入った。

電制スロットルを用いる現代のクルマは、アクセル操作とは別に、出力のコントロールをそれによって自由に仕立てることができる。馬力があり余っている高性能車は、これを利用して加速能力を制限して、安全を担保する。例えば低いギアでは、アクセルペダルの開度が大きくなってもエンジン側スロットルは大きく開かせない。タイヤが吸収できない馬力を流したら駆動輪は滑って、その結果トラコンを効かせることになる。ならば、最初から馬力をギア段数やヨーレートや加速度によって、ほどほどに抑えておく。利口で正しいやりかたである。

だがF12は超高速からトラコンが効いた。つまり、電スロに抑制を効かすような過保護な真似はせず、アクセルは踏んだら踏んだだけ馬力を出すような正直な設定にしてあるのだ。最終的な破綻だけは電制で救うけれど、踏みたい奴には踏ませてあり余る馬力を自由に使わせてやる。740psという余剰を、幼稚な正論を持ち出してナンセンスと笑う矮小な心ではなく、どこまでそれが使えるのか挑戦しようという断固たる心に応えようとする。つまりはそういうことなのだろう。あり余る馬力は単に直線加速の激烈のみならず旋回の自由度にも存分に使えるようにする。そこに意味を見出す人間のためにクルマを作る。旗艦ベルリネッタに込めたそれがフェラーリの意思なのだ。

フェラーリの市販車は、かつてのように異次元の物体には見えなくなった。それは依然として超一流の動力性能と、家が一軒買えるほどの高価な自動車ではあるけれど、トヨタ86と同じ現実世界にいる存在だ。だが、それでもF12ベルリネッタは超高級シルビアだとか華美に飾ったベンツCLだとか超高性能な86のような物体として買っていいクルマではない。本気で走らせれば分かる。埋め込まれた意志が見えてくる。フェラーリであることの意味がそこにきちんと埋め込まれているそれはフェラーリなのだ。

（FMO　2013年5月22日号／午前零時の自動車評論7収録）

自動車の技術

ふぞろいのカムシャフトたち

クルマのことは、どうやって勉強したんですかと訊かれることがある。

おれの自動車に関する知識のベースは、理論と実践の組み合わせにあるんだと思う。

思えば、免許取りたての18のガキのころから始まって、クルマで走り回って費やした時間は、累積すると、きっととんでもない数字になるのだろう。

そうやって走っている時間の中で、数えきれない種類のクルマについて、その動きを体験し、色々なことを感じてきた。

そういう山のような、しかし、ただの山積みでしかなかった実体験が、あとで自動車工学の理論書や教科書を読んだときに体系化されていった。板の上に不規則に散らばっていた砂鉄が、板の下の電磁石に通電した途端に、一気に磁石の形に整列する。例えばそういう鮮やかなイメージをもって体験の集積が意味のあるロジックに並べ替えられていった。それは一種の快感だった。そんな快感が病みつきになって、走って勉強してを繰り返してきた気がする。

だが、クルマの勉強は、本だけじゃなかった。修理工場で学んだことも、それに負けずに多かったなあと思う。

例えば、アルファロメオに乗っていたときは、夜な夜な修理工場に出かけていった。別にメカニックと飲みに行くためではない。おれのクルマを面倒見てくれていた工場は、東京湾沿いの埋め立て地にあり、夕方に開けて真夜中に閉めるという変わったタイムテーブルで営業をしていた。なので、昼間に仕事を終えて家に帰り、アルファに乗ってその工場へ行くと、ちょうど彼らの仕事が本格化する時間帯なのである。コンチワと入っていって、今日もまたお願いしますと断って、工場の隅に座って作業をひたすら眺めるのだ。

もちろん作業中は邪魔をしないように黙って静かにしている。そして、作業の手を休めて一服しているときに訊く。あれは何をしてるんですかと。すると教えてくれる。時には、作業中のクルマのところまで呼び寄せてくれて、やっていることを見せてくれる。

そんな風にして教わったのが、アルフェッタのパワートレインの、その位置決めの重要度だった。

アルフェッタは、フロントにエンジンを縦置きしているが、トランスミッションは後車軸のところにデフと一体で置かれる。所謂ＦＲトランスアクスル方式である。

ＦＲトランスアクスル方式のクルマは、前のエンジンと後ろの駆動系を、金属製のトルクチューブでリジッドに結ぶ。古くはポルシェの９２４／９４４／９６８系や９２８もそうだったし、近代のフェラーリのＦＲ勢もそうだ。だが、アルフェッタの場合、前のエンジンと後ろの駆動系は２分割式のプロペラシャフトで結ばれるだけである。

だから、エンジンと駆動系の位置決めが重要なのだ。このアライメントが狂って、一直線上に並んでいない状態だと、高速で回転するプロペラシャフトは強烈な振動を発してしまう。ところが前のエンジンと後ろの駆動系はゴムブッシュを介して車体にマウントされている。微妙な位置の調整がものすごくしづらいのである。また、プロペラシャフトそのものも、ビシッと芯が出ている状態に組まねばならない。走って振動を見ては、クルマを持ち上げて、ペラシャフトの組み直し、マウント調整をする。何度も何度もこの繰り返しをして、初めてアルフェッタはまともに走るようになるのだ。

そのときのおれは〈そういうもんか、大変だな〉くらいにしか思っていなかったのだが、あとからポルシェがトルクチューブ剛結方式を採っているのを知って、そうかドイツ人はあの位置決めの労苦を避けるためもあって、そちらを選んだのだなと思い至った。また、FRトランスアクスル方式を採っていたフェラーリ275GTBは、シリーズ1ではペラシャフトはオープンだが、シリーズ2からトルクチューブ剛結方式に変わる。たぶんフェラーリも同じ悩みを抱えたのだろう。

余談だが、のちにポルシェ944に乗って、そのトルクチューブ剛結方式のほうは、それはそれでネガを抱えていることも知った。新車のうちはともかく、車体がボロくなってくると、一体に剛結されているエンジンと駆動系との剛性に落差が出てきてしまって、走っていて妙な感じになる。車体の微動と別のモードでエンジン駆動系が突っ張っているような嫌な感触が生まれるのだ。

この経験は、日産GT-Rデビュー時の技術陣へのインタビューで役に立った。ご存じのように、R35系GT-Rはトランスアクスル方式を採る。しかし、前のエンジンと後ろの駆動系をトルクチューブ剛結はしていない。そこで、ポルシェのような問題を避けるためかと訊ねたところ、答えはイエスだった。その代わりに、エンジンと駆動系の位置決めをガッチリしとかないと大変でしょうと訊いたところ、そこには自信があるので大丈夫との答えだった。

夜に家でビールを飲んでTVを見る代わりに、修理工場で座っていたおかげで、こういうトランスアクスル方式に関する勘所を学ぶことができた。自動車評論なぞするようになって、それが役に立った。そして、沢山の雑誌や書籍が、FRトランスアクスル方式のクルマの解説で、トルクチューブ剛結か否かをきちんと書いていないのを見て、溜息をつくことになった。


修理工場で学んだことは他にも沢山ある。

フェラーリを面倒見てもらっていた工場で、あるときF355のエンジンを全バラしてオーバーホールしていた。ちょうどヘッドを組み上げる段のことだった。工場長が担当メカに、カムシャフトのことで綿密に指示を出している。

この工場はフェラーリの重整備が日常茶飯事で、エンジンも何基か同時並行で組むような仕事を普通にしている。だから、F355のカムシャフトのインストールくらいは担当メカに任せっきりで大丈夫なはずなのだ。

不思議に思って、エンジン室を出てきた工場長に何かヤヤコシイことがあるのかと訊いてみた。

すると、工場長はエンジン室に誘ってくれて、ヘッドの脇に並べられた都合4本の吸排気カムを見せながら言った。F355の吸気カムは、左右で違うプロファイルなのだと。

F355は、吸気3本に排気2本の5バルブ方式を採っている。だから吸気カムの山は、気筒ごとに3つずつある。その3つのカム山は、左右は同じプロファイルだが、中央のそれは異なっている。実は5バルブ方式は、中央の吸気バルブの角度が寝てしまい、そのバルブの吸気が理想的にはいかないのだが、ならばと開き直ったフェラーリは、中央の吸気バルブの開閉タイミングを左右のそれとは僅かに変えて、燃焼室内に強力な渦を作ることに利用しようとした。渦によって混合気がかき混ぜられて、急速燃焼を可能にするとの目論見である。

と、ここまではおれも、齋藤浩之さんが現地取材して専門誌に書いたF355の技術解説記事で知っていた。ところが、その真ん中の吸気バルブのカムプロファイルが、左右バンクで異なるというのである。

フェラーリの部品送付ミスじゃないのかと訊いた。だが、違うという。部品番号上は合っているし、F355はどのエンジンをバラしても、吸気カムシャフトは左右で異なっているのだと工場長は言って、別のカムのセットも見せてくれた。

ふうんとか、へえとか呟きながら、その吸気カムの山を、ためつすがめつ見比べていたら、はっと思い当たった。なるほど、そういうことか、と。

左右バンクの吸気カム山の形状が違えば、バルブの開閉の動作は微妙に異なり、例えそれが3つ全てではなく、ひとつの吸気バルブだけの開閉タイミングだったとしても、燃焼の様子は必ず差が出てくる。片方のバンクともう片方のバンクの燃焼が、微妙に変わってしまうわけだ。

普通なら、これは非常によろしくない現象である。右バンクと左バンクは同じようなパワーデリバリーを行って、エンジン全体としてひとつの滑らかなパワーカーブを描くようにするのがあたりまえだ。

ところがF355用ユニットの場合は、吸気カムのプロファイルの違いゆえに、左右のバンクが出してくるパワーにはほんの少しだけだが差が生まれる。

これによってエンジン全体のパワーデリバリーに微妙なさざ波のような荒れが生まれてくるはずだ。加速時にタイヤを回そうとする力に、微細なギザギザができるはずなのだ。

何のために、そんなことをするのか——。

トラクションのためである。

実は、かなり前からレースの最前線では、この〈パワーデリバリーのさざ波〉がトラクションを向上させることが常識として知られている。

例えばレーシングバイクでは、同じパワーでも、不等間隔爆発になるエンジンのほうがトラクションの掛かりはよく、脱出も速いと以前から言われてきた。

鉄の車輪が鉄のレールの上を走る鉄道は、当然ながらゴムのタイヤで地面を蹴る自動車などよりもずっと車輪が滑りやすいのだが、新幹線などの大出力車輌では、インバーター制御を介することでモーターの出力にギザギザの波を作っている。

大昔から歴戦の名チューナーたちは、直列4気筒の排気マニホールドをわざと等長にしないことが多かった。そのほうがトルクが出て速いというのが彼らの間の常識だったのだが、実はそれは〈トルクが出る〉のではない。マニホールドを不等長にすると、排気干渉によってトルクもパワーも落ちるのだ。その一方で、パワーデリバリーにギザギザができることでトラクションが向上し、立ち上がりで踏んだときの加速効率が上がる。そして、失ったパワーやトルクのぶんをそれは補って余りあり、結果的に〈踏んで前へ出る〉クルマになるのである。このことは、単なる経験則からの言い伝えでなく、例えばマツダはラリー用ファミリアの直4でテストして、数字の上でも実証している。

では、なぜパワーデリバリーにギザギザの波があるとトラクションが稼げるのか。

それは、突き詰めればトライボロジーという難しい学問の領域に突入するのだが、感覚的に理解する程度なら、運動会の綱引きのことを考えればいい。綱引きは、ずっと同じ力で引っ張り続けるよりも、オーエス、オーエスと断続的に力を入れたり緩めたりしたほうが勝てる。そのほうが、足と地面が滑らずにトラクションが掛かり、有効に力を綱へ伝えることができる。

フェラーリはそのことをよく知っていたのだ。なにしろ、そういうワザを、F355だけではなくレースの頂点であるF1でも同じように〈ギザギザの波〉を利用していたのだから。

ただしF1の場合は、左右バンクのカムプロファイルを変えるという手法ではなかった。それをすることで、ピークパワー値が目減りすることを恐れたのだろう。フェラーリはF1では、電制スロットルで〈パワーデリバリーのギザギザ〉を実現していたのだ。

今や乗用車においても、エンジン出力を加減するスロットルは電制である。つまり、アクセルペダルとエンジン側スロットルは機械的には繋がれておらず、アクセルペダルの動きをいったん電気信号に置き換えて、それをコンピュータが読み取った上で、然るべき判断を加えたのちに、電気信号をエンジン側に送り、そこに設置された電気モーターが作動してスロットルを開け閉めする。もちろんF1でもそれは同じで、バンクごとにモーターが、コンピュータの指令に基づいてスロットル開閉を行っている。

そして、フェラーリF1は、その電制スロットルの制御に、左右バンクでスロットルの開けかたに微妙にズレが出るようなモードを組み込んでいたのだ。

そのことは『Ferrari Formula 1』という書籍を読んで知った。

SAE(Society of Automotive Engineers)が刊行したこの本は、2000年にミハエル・シューマッハへ待望のドライバーズタイトルをもたらしたフェラーリのF1マシン〝F1-2000〟の詳細な技術分析をした一冊である。門外不出のはずのフェラーリF1のパーツごとの写真や、レース戦略シミュレーションのチャートまでがそこで明らかにされ、しかもこれを解説するのが1970年代後半から90年代にかけてロータスF1の技術監督だったピーター・ライト。フジTV的でない角度でF1を眺めたい向きにとっては、願ってもない編集と言える。

この『Ferrari Formula 1』にF1－2000のエンジン制御図解が示されていた。

その図解によると、低いギアで大きくアクセルを開けていったときに、電制スロットルは左右で違う動きをしている。片方のバンクのスロットルが、もう片方に対してやや遅れて開いていき、そのズレはアクセル開度30～40％の時点では、スロットル開度の左右バンク差は30％以上にも達するのだ。

ただし、アクセル開度が50％を超えるあたりでその差は縮まっていき、アクセル開度70％でついに左右差はゼロになって全開までそれが維持される。

こうすれば、コーナーから立ち上がる際にアクセルを踏み込むと、左右バンクの出力の特性に差が出て、トルクデリバリーにギザギザの波が現れ、それによってトラクション能力が増強される。ただし、踏み切った全開近くでは、左右バンクはきっちり揃ってピークパワーは損なわれない。非常に巧妙な手法である。フェラーリは、例えばモナコGPのように、低速コーナーが多く、路面μも低いコースにおいて、この制御を盛り込んでトラクションを確保していたのだ。

ちなみに彼らは、この片バンクのスロットル遅開き制御を、なんとアクセルを踏み込むごとに今度は右バンクを遅らせ、次は左バンクを遅らせるというように、毎回交互に遅延動作をするバンクを入れ替えていたのだそうだ。スロットルの開きかたが違うことによって、左右のバンクの燃焼状態が異なってしまって、その蓄積でエンジンにダメージが加わるのを、これによって防止しているわけだ。念入りとしか言いようがない。

だがF355のスロットルは電制ではなく、機械式操作だから、この手は使えない。それゆえ、バルブタイミングを左右バンクで微妙に変えることで同じ効果を実現しようとしたのだろう。

フェラーリ市販車の商品性上の最大の目玉は、F1イリュージョンであり、だから古くはV12で、最近では電制LSDまで含む統合ドライブモード制御や空力処理などで両者のリンクをアピールしてきている。しかし、そういう誰でも分かるような表面上ではなく、もっと深いところにもF1に繋がる技術は埋め込まれていた。フェラーリ市販車の解説には、F1技術の文字がしつこいほど登場するが、それはまんざら演出やハッタリではなかったのだ。フェラーリ修理工場のエンジン室でおれはそれを知った。

日本車の試乗会では、技術詳細を記した新型車解説書やCD－Rが頼めば貰える。だが、輸入車の場合はディーラーのメカニック用の解説書類が内部に存在するだけで、我々の目に触れるのは要約したリリースだけであって、とりわけフェラーリは記述が大雑把だ。

しかし、修理工場では、彼らが語ろうとしなかった部分が白日のもとに晒される。修理工場で座って目を光らせていると、そういう表に出ない技術の深淵を知ることができる。

DIY修理派は、よくこんな物言いをする。「いじっていない奴にクルマは分からない」と。しかし、それは違う。ただ、いじっているだけでは、それは事実の断片をかき集めているに過ぎない。事実の断片は、理論という道筋に沿って並べ直したときに初めて意味のあるものになる。さらには、それが実際にクルマを走らせたときの体感と噛み合ったときに、クルマを真に理解する最高の道筋になる。つまり、〈走らせる〉と〈いじる〉と〈学ぶ〉の3つを統合したところに、本当のクルマの楽しみができあがるのだ。


などと偉そうに書いたところで、最近は修理工場で日がな過ごす機会が少なくなったことに、あらためて気づいた。締め切りラッシュを乗り切ったら、久しぶりに旧知の工場を訪ねてみよう。

（FMO　2011年8月9日号／午前零時の自動車評論1収録）

ワイドレンジの罠

電制ダンパーという物体が跳梁跋扈している。猫も杓子もダンパーの減衰力切り替えスイッチを装備する。実にくだらない流行である。

その電制ダンパーが如何なるシステムであり、如何にくだらないかを書いてみよう。

ダンパーとは、中に封じ込めたフルードが孔を通るときの流動抵抗によって減衰力を発生させる装置である。

ちなみに、小孔を非圧縮性流体が通るときの流動抵抗は、流れる速度の2乗に比例する。だから、そのままではダンパー減衰力の特性カーブは、ダンパーが伸び縮みするスピードの2乗に比例して上がっていってしまう。それはありがたくないので、その孔に皿ばねを被せるなどのワザをかけたりして、単純な2次曲線ならざる特性カーブを作っている。

だが、そういう特性カーブを作る程度では飽き足らず、もっとドラスティックに減衰力を変えたくなって、アシまわりの技術者は可変ダンパーというものを作り出した。

これは孔の大きさを外から変えられるように工夫したもので、レース用のものとしては以前からあった。だが、孔の大きさを変えるには、ダンパーケースに取り付けたダイヤルやネジを回さねばならず、手間暇かけても速くなればＯＫのレース車輌ならともかく、市販車では面倒くさくてかなわない。

そこで、電気の力でダイヤルやネジを回す仕掛けをダンパーに取り付け、それを車内のスイッチで切り替えるシステムが生まれた。おれが覚えているのはR30系スカイラインに装着されたものので、だから１９８０年代の初頭のころだったはずだ。ちょうどその時分、機械工学と電子工学が合体したメカトロニクスが流行のキーワードになっていて、可変ダンパーはその流行に沿った新技術のようにもてはやされて話題になっていた。

確かにこれは可変ダンパーである。だが、切り替えるのは人間で、しかも切り替えは硬軟のたった2段階だった。おまけに切り替えても、柔らかいほうでは単に減衰力が足りなくてフワつき、硬いほうでは妙に突っ張ってしまうという〈帯に短しタスキに長し〉の諺そのままだった。

日本とアメリカが先行したこのデバイスは、1980年代の終わりから90年代初頭にかけて欧州でも流行り始める。思い出せる例ではアルファロメオの164Q4あたり。ただし、その164Q4の可変ダンパーも〈帯に短し〉であった。164Q4は、凝りに凝ったその4WDシステムや、DOHC4弁化されたV6の回りかたには感銘を受けたが、可変ダンパーには一向に盛り上がれなかった。なぜ今頃こんな使えないブツを、アシに関しては手練れのアルファが、と思った。流行という点では、ヨーロッパは自動車世界の最後端を走っているのだと悟った。

さて、ドライバーにやらせる2段切り替えでは、玩具の域を出ないという認識が固定したころ、それを進化させたシステムが日本で開発された。1986年に2代目Z20系ソアラ等で採用されたトヨタのTEMSである。

Toyota Electronic Modulated Suspensionというモノモノしい正式名称を持つこれは、可変ダンパーの切り替えをコンピュータ制御で行うもの。車速、加速度（上下G）、舵角、アクセル開度、ブレーキなどの情報をECUに取り込んで、そこから演算して必要な減衰力を割り出し、命令を各ダンパーに送って減衰力を切り替えるのである。つまり、ここで電制ダンパーが登場したのだ。高度成長の総決算期にあたる1980年代に、日本のメーカーは余裕綽々の投資能力によって様々な先行開発をしていたが、このTEMSはその成果のひとつだった。

当時、日本トップの座をトヨタと争っていた日産も負けていなかった。同じころに彼らも電制ダンパーを開発し、2代目F31系レパードや7代目Y30系セドリック/グロリアに搭載した。スーパーソニックサスペンションと、こちらも仰々しく命名されたそのダンパーは、電制可変という点では同じだったが、ノーズ下に超音波センサーを装備し、ロードクリアランスを測ってピッチングやバウンシングの動きを検知して、この情報を演算に組み入れていた。超音波を使っていたからスーパーソニックだったわけである。

日本車のアシの電制化は、バブル絶頂期の1989年に次の世代へ入る。トヨタが先述のTE

ＭＳを、ピエゾＴＥＭＳに進化させたのだ。

これは、ダンパー内部にピエゾ素子を何層にも重ねて置いたものを、ふたつ仕込んだ構造のものである。ピエゾ素子は力を加えて圧縮すると電気を発生させるという面白い性質を持っている。それゆえ楽器の胴体に貼り付けるピックアップやエンジンのノックセンサーに使われる。しかもピエゾ素子は、その逆の性質も持つ。電気を流すと伸びるのだ。こういう性質をトヨタは利用した。まずひとつのピエゾ素子層をダンパーの軸に取り付けて、路面からの入力そのものを電気信号に変換してＥＣＵに送る。一方、いまひとつのピエゾ素子層は、フルードの流路の部分に置かれて、ＥＣＵから発せられた電子信号の命令を受けて伸びる。この伸びを油圧で拡大してフルードが通る孔を広げたり縮めたりするのである。要するに、やっていることは以前の電制ダンパーと同じなのだが、ピエゾＴＥＭＳの場合は、ピエゾ素子の反応が非常に速いので可変のタイムラグが少ない。また、以前のものは４輪分のダンパーを一挙に可変させるシステムだったが、こちらは１輪分のダンパーを個別に可変させられる点で優れていた。

さて、ここまで進んだらもう止まらない。開発資金がふんだんにあった80年代から90年代初頭にかけての日本では、ダンパーの電制に留まらず、ばねやスタビの可変化まで各メーカーは手を広げることになった。初代G50系日産インフィニティQ45が、油圧でアシを動かす電制アクティブサスを市販投入し、内部に溜められるエア（窒素）の圧力を可変させる電制エアスプリングも多くの高級セダンが採用した。また、これは電制ではなくドライバーの選択による2段切り替えだが、4代目三菱ミラージュのサイボーグ仕様や2代目いすゞビッグホーンには、スタビライザーの端に伸縮する油圧シリンダーを挟み込んだ可変スタビが投入された。

だが、こうした電制システムは後が続かず、それどころか、いつの間にか採用例が減っていった。ひとつには日本のバブルが崩壊して、こうした高価な装備が求められなくなっていったこともあったのだろうが、それ以前にやるべきことがあると気づいたのだと思う。例えば、サスアームそのものの剛性や取り付け剛性、すなわち緩衝装置でなく懸架装置に改善の余地があった。また、それを受け止めるボディの剛性に関しても追求すべき要素が山ほどあった。ブッシュやスタビのリンク機構など細部にもノウハウを積み上げる必要があった。さらには、ダンパーという装置そのものも、精度や剛性や構造などツメるべき事項が山積していた。そこに気づいて日本車は、闇雲に電制に走る前に、文字通り足元を見つめ直して、サスペンションのレベルアップに地味な努力を以て勤しんだのだ。

こうした日本勢に対して、もともと保守的な傾向があり、またアシまわりに関する基本的な領域でのノウハウに長けていた欧州勢は、シトロエンが自慢のハイドロニューマティックを任意にロール制御をかける仕組みに進化させたハイドラクティブが目立ったくらいで、闇雲に電制には走らなかった。

ところが、21世紀に入ったころに突然彼らはこぞって電制ダンパーを採用し始めたのである。

適用されたクルマはスポーツ系だった。皮切りは997系ポルシェ911やC6系シボレー・コルベットあたり。フェラーリ各モデルやアウディR8がこれに追随し、さらに高性能サルーン類にも採用例が続出し、一気に電制ダンパーはブームの様相を示し始めた。

そういう状況に至ったひとつの要因は、クルマが重くなったこととタイヤのグリップレベルが向上したことにあるのだろう。その両方の板挟みに遭ったサスペンションは、必然的に硬めざるを得なくなる。しかし、ただ単に硬めれば乗り心地は落ちる。ウエットでの挙動にもシビアさが出てくる。こうした袋小路をブレークスルーする手段として電制ダンパーが脚光を浴びたものと想像する。

しかし、それはどう考えても理想の手段とは思えないのだ。

あらためて確認する。電制ダンパーを使う狙いは、低負荷領域ではアシを動かして乗り心地を稼ぎつつ、高負荷領域ではアシを締め上げて操縦性レベルを押し上げるという一挙両得を目論むところにある。それを実現するために、現状の車輌の運動状態のみならず、ステアリングやアクセル&ブレーキの操作量と操作速度など様々なファクターを検知し、これを演算して減衰力を変化させるわけだ。

その基本ロジックは、80年代に日本車が一斉にダンパーの電制化に突っ走ったころと今とで何も変わっていない。進化したポイントは、その先の部分である。

まずはECUの進化。処理できるデータも演算速度も飛躍的に上がった。各輪ダンパー個別に制御することもあたりまえになり、単に乗り心地重視と操縦性重視を両立させるのみならず、ロールやピッチ、ダイブやスクオットなどの車体の挙動をダンパー減衰力の可変によってコントロールする域に入った。

こうなるとステア特性もいじれる。定常的なステア特性は重心やロールセンターやばねやスタビなどのメカニズム要素で決まってくるのだが、過渡特性に関してはダンパーの仕事の割合がかなり増える。例えば、ターンイン時の挙動はフロント減衰力の設定によって大幅に変えることができる。また、立ち上がりでパワーオンするとき、リアの減衰力を上げ下げすることで姿勢をアンダー気味にもオーバー気味にも色づけられる。ダンパーでできることはかなり多いのだ。

減衰力の可変機構のほうも、2段とか3段切り替えは遠い昔で、今では事実上、無段階に近い制御が可能になっている。例えば、ポルシェ997が使うビルシュタイン製ダンプトロニックは、硬める領域は通常の固定流路で決めておいて、バイパス路の面積を動く堰のようなもので絞ったり開けたりすることで減衰力を可変するシステムを採っているが、そのバイパス路の面積の調整は理論上無段階である。

一方、フェラーリやアウディが使うデルファイ製マグネティッククライドは、流路面積を変えるのではなく、電気を流すと粘性が変わる特殊なフルードを使うという逆転の発想でできあがった可変ダンパーで、その粘性は流す電気如何で無段階に変化させられる。

つまり、昔よりも多岐にわたる要素を扱って多岐にわたる結果を作ることが可能になり、かつ格段に速いレスポンスで可変させることができるようになったのだ。
　これを言い換えれば、幅広く忠実度の高い制御になったということであり、キャッチコピー風に英語で言えばワイドレンジとハイファイである。

　その言葉に行き当たったところで、頭に浮かぶのがオーディオの世界だ。

　エジソンの蓄音機から現代のハイエンド製品に至る過程で、オーディオ機器がひたすら目指してきたのはワイドレンジとハイファイだった。だが、その一方で、聴く者の心を動かしたり生理に寄り添ってくれる音とは、周波数レンジの広狭や、立ち上がりの鋭さとは関係ないことを皆が分かってきた。レンジが狭くとも、その狭いレンジの中で均衡が取れていて心地よければいい音であり、レスポンスが遅くてハイファイでなくとも音楽として齟齬なく成立して気持ちを動かすならばいい音、そういう風に考えるようになって、オーディオの世界は進歩だけが絶対正義の近代を抜け出して現代へと脱皮した。

　それと同じことがクルマの緩衝装置にも言えるはずだ。３世代のマツダ・ロードスターのアシは、何でもないサスに何でもないダンパーとばねの組み合わせだが、その何でもない要素たちが生むレンジの狭い動きは、軽量FR2座オープンというクルマの全体像にぴたりとはまって、だから我々は信頼してそれに身を委ねることができる。もう少し速度領域が高く味わいも深いが、少し前までのジャガー各車が同じようにナローレンジですばらしく心地よい身のこなしを実現していた。これらは、クルマの良し悪しに減衰力可変のワイドレンジ性とレスポンスが何の関係もないことの証人である。

それに、そもそも最新の電制ダンパーが誇るレスポンスの速さというやつが信用できないのだ。先日試乗したフェラーリ・カリフォルニアのデルファイ製マグネティックライドは、ECUの演算速度を従来の倍に速めた最新型だとされている。にもかかわらず、操舵・加速・減速のあらゆる操作に対してクルマが反応してそれがタイヤに伝わったときの、タイヤの仕事ぶりの変化の描写は甘かった。まるでフォーカスの合っていない写真のようにボケていた。

そうなのだ。いくら可変させるレスポンスを速くしてタイムラグを削ったとしても、時に1000分の1秒のズレすら分かってしまう人間の感知能力を騙すことは不可能なのだ。車輌の状態が変わったり操作が行われてから、すなわち事が起きてから対応しようとするフィードバック制御では、タイムラグを減らすことはできても、それをゼロには絶対にできないのである。その結果、まさに挙動が変化してタイヤの仕事が移行しようとするその刹那に減衰力の引き上げが間に合わず、情報信号は角が丸められてくっきり伝わらなくなる。太鼓で言えばバチが皮に当たった瞬間のアタック音、発声で言えば子音の部分、そこがぼやけてしまって、後に続く胴鳴りや母音の部分だけが聴こえる。そんな甘さがどうしても生まれてしまうのだ。

しかも、減衰力の可変幅をワイドレンジにしようとするほど、柔らかく動かすときの減衰力設定と硬く締めるときのそれとの差が大きくなり、車輌姿勢と各輪荷重に変化が起きたその瞬間に減衰力の引き上げが間に合わなくなる確率が増す。硬いほうに制御幅を寄せたフェラーリ458やポルシェ911に描写力の甘さをさほど感じなかったのも、カリフォルニアは高負荷の連続でアシが締まったままになったときほどクルマとのコミュニケーションが信頼できたという事実も、その逆証明である。

そしてまた、こうした〈比較的マシな〉電制ダンパーでも、高精度で高品質のパッシブダンパーには敵わないのだ。
ハイエンドのダンパーを奢ったアシは、まるで度の合った眼鏡をかけたときのようにイメージを緻密に見せてくれる。そこまでの高価な品でなくとも、精密に動くアシの世界は垣間見ることができる。例えば、スバルＧＤＢ系インプレッサをベースにしたＳ２０３のダンパーは、ビルシュタイン製の非電制パッシブ品（ケース部のノッチで４段を手動切り替えは可能）だったが、それは加減速や旋回では強力に踏ん張りつつ、凶悪なギャップをまるでなかったかのように飲み込む鮮やかな微小域ストロークを演じて感動させてくれた。これらのダンパーは、端的に言えば硬いと表現されてしまうような特性のもので、つまりナローレンジである。にもかかわらず、動作は鮮やかで、かつ信頼できるものになっている。

そうなのだ。クルマのアシまわりは、乗り心地や旋回特性のワイドレンジよりも、信頼こそが何よりも大事なのだ。クルマの各部分に起きていることを正確に伝えてくれる描写力がそれを生む。かたや電制ダンパーはワイドレンジ性獲得との引き換えにそれを失ってしまう。クルマと会話する訓練を重ねたベテランほど混乱してしまう。

さらに言うならば、電制ダンパーは可変であることそのものが弱点である。減衰力を可変させて、それによって乗り心地を得ようとするならば、組み合わせるばねは定数を低くしたくなる。ばねが柔らかくないと、減衰力を緩めても効果が出にくいからだ。こうして電制ダンパーは本来あるべき数字よりも定数が低いばねと組み合わされることになって、アシの動きに関するダンパー依存性が高まる。先述のS203のように、基本的に硬める方針の中で微調整するような減衰力可変ならともかく、991系ポルシェ911のように幅広い特性を得ようとすればするほど、その依存性は高まって中途半端なアシになっていく。〈何でもできる〉は〈どれも満足にできない〉であることを、メーカーの車輌企画者もユーザーも肝に銘じるべきだ。

我々は、カツも野菜の煮物も焼売も入っているコンビニの幕の内弁当のようなものを望んでいるわけではない。海苔弁でも塩むすびでもいい。味のバリエーションはなくとも本当に旨いものを食いたいのだ。電制ダンパーの流行は、それを阻む敵である。

（FMO 2012年8月14日号／午前零時の自動車評論5収録）

自動車の足跡

ファミレスとトンカツ屋

トヨタ86というクルマのネーミングは、5代目カローラ／スプリンターのスポーツモデルであるレビン／トレノへのオマージュであるという。両モデルの型式名はＡＥ86であり、熱心なファンがその型式名で呼び、さらには人気漫画『頭文字Ｄ』でハチロクと連呼されたことで専門用語だったはずのその呼称が一般化した。そしてＡＥ86は、ひとつのアイコンのような存在になった。

トヨタ86とスバルＢＲＺが、まだ発売される前で、ティーザーキャンペーンを盛んにしていたころ、そのＡＥ86に乗った。以前から懇意にさせていただいているエグゾースト製作工房のご主人から連絡があって、ちょうど買ったばかりのハチロクがあるから乗ってみませんかと誘われたのだ。

そのハチロクは、ノッチバック型の2ドアクーペ版カローラ・レビンだった。グレードは〈ＧＴアペックス〉。豪華装備仕様のパワステ付きのモデルだ。おまけに、たまさか程度のいい初代ＮＡ系ロードスターも買ったばかりだという。車重1ｔを切る後輪駆動車の新旧2台が運よく轡を並べていて、乗り比べもできますよというありがたいお話である。そこで、いそいそと出かけることにしたのだ。

ハチロクは驚くほど綺麗だった。

走行は20万km。しかし、オリジナルペイントらしき塗装は、そこはかとなく艶を保って小さな錆もなく、おまけに飛び石キズもない。さすがに磨き過ぎでエッジの部分が地の鋼板が顔を覗かせているのと、ノーズのクリア樹脂の化粧板が黒く煤けているあたりは二十有余年の歳月を感じさせるが、離れて眺めればそこに歳月を経たクルマ特有の古色蒼然たる雰囲気はない。きっと遠出もせず、通勤など下道の定期的使用で大事にされて20万kmの大半を過ごしたのだろう。

「へぇ……」などと間抜けな呟きを交えつつドアを開けると、1980年代がちょっと疲れた表情で待ち構えていた。

まず目に入ってきたのは、機能部品であることを主張するようなデザインの純正スポーツシート。座面にはヘリンボーンツイード風の布地が張られている。表面はヤツレてはいるが、擦り切れたり裂けたりはしていない。

腰掛けてみて気がつく。ヒップポイントが高い。

最近のクルマはダッシュ上面が昔よりも上がっている。エンジンの上には複雑な吸気系がのたくる。衝突安全性の評価項目に歩行者保護要件が加わり、それに備えるために、人間がクルマにぶつかってボンネットに倒れ込んだとき、それが凹んで衝撃を吸収するように設える必要が生まれ、そうするにはボンネットの位置を上げて嵩張る吸気系との隙間を大きく設けなければならなくなった。ナビや空調など内部に収めるメカニズムが昔よりも格段に増えているので、ダッシュの丈が増えることはその点でも歓迎される。こうした要素に加えて、開放感よりも守られ感を演出する傾向が強くなっていることもあるのだろう。目の前に高いダッシュが壁のようにそびえるクルマが多くなり、昔のように低いダッシュを見下ろすような眺めは、あまり見られなくなった。そのせいか、往年の流儀でダッシュが低めのＡＥ86は、相対的に高く座っているような印象を与えるのだ。

ポジションを合わせようと、あちこちを手探りしていると、座面の右側面の先にダイヤルが見つかった。これを回すと座面先端が上下する。願わくば後端のほうが上下して欲しいのだがそうなってはいない。あらためて観察すると、フロアとの関係から、これ以上はお尻の位置を下げる余地がなく、またルーフと頭頂との間にそれほど余裕もないから上げる余地もない。
ただし、ステアリングとの関係には問題はない。〈GTアペックス〉にはチルト機構が備わっているが、普通の体型の人ならば、その必要はとりたてないと思った。

さて操舵系である。3ドアリフトバック型と2ドアノッチバック型の2種の車体形状があったAE86——すなわちレビン&トレノの4A-GEU搭載車——のグレード展開は、3ドアが〈GTアペックス〉と〈GTV〉、2ドアが〈GTアペックス〉と〈GT〉という内訳になっている。3ドアの〈GTV〉はパワステの設定がない一方、2ドアの〈GT〉ではオプションでパワステが選べるようになっている。そして〈GTアペックス〉では2ドアだとパワステが標準装備だが、3ドアの〈GTアペックス〉では後期型のみが標準で、初期型と中期型ではオプション扱いなのだ。実にヤヤコシイ。そのヤヤコシイ構成のうち、パワーアシスト付きだった2ドアの〈GTアペックス〉に乗ったのである。

そのパワステの感触は、非常によろしくない印象だった。これまた純正のステアリングリムを握って切ろうとすると、グンニャリした頼りない感触がまず立ち上がる。そのグニャグニャ感が続くうちに前輪に舵角がついていく。死体の如く冷たくて無反応だった少し前のアウディなどとは違って、一応ステアフィールと言うべきものはあり、前輪の仕事ぶりは気取れるのだが、輪郭のはっきりした克明な描写では全くない。

これは前アシの構造が一因なのかもしれない。ＡＥ86の前サスのロワーアームは、真横方向に伸びる1本のアームに、車体斜め前から伸びるテンションロッドを組み合わせたもので、現代のように強固な一体型L字アームではない。そのためブッシュが劣化すると双方の位置決めが緩くなり、結果的に操舵時にもその影響が出る。パワステ以前の問題として、今回のハチロクにもこの症状は確実に混じっていたはずだ。

加えて言えば、コラム支持剛性も現代のそれに比べて悲しいほどに低い。これは操舵フィールの確かさを作るための重要な要件なのに。

だが、根本的な原因はパワーステアリングそのものにある。油圧式のパワーステアリングは、その油圧によるアシストの加減を、ステア軸に仕込んだトーションバーのねじれ量で行っている。操舵力もしくはラック側からの反力が加わると、このトーションバーがねじれる。ねじれると油圧の経路がそのぶん開いてアシスト力が発生する。

こういう仕組みなので、パワーステアリング装備車のステアリング軸には不可避にねじれが起きる。ねじれないとアシストが発生しないのだ。チューニングの上手なクルマでは、適切な推移でアシストが加減がされているから、操舵に対して前輪切れ角が滑らかに増え、そのねじれによる感覚の障害は感知しにくくなる。だが、ＡＥ86はそうではなかった。トーションバーのばね定数はかなり低く、明らかにステアリングリムと前輪舵角の間に嫌な弾性が存在しているのが分かってしまうのである。

実は、その1カ月ほど前に、パワステ非装備でステアリング軸にトーションバーが仕込まれない〈ＧＴＶ〉に、持ち主の好意で乗せてもらっていたのだ。その〈ＧＴＶ〉には、当然ながらこの弾性は感じられず、操舵フィールはもっと剛健で正確だった。パワステ非装着の〈ＧＴＶ〉のロック・トゥ・ロックは3回転で、この〈ＧＴアペックス〉をはじめとする装着車の3.5回転より小さく、ラック長が短くギア比も速いらしいのだが、そういうことよりも、この弾性感の有無による印象の違いは大きかったのである。

ちなみに、アシストなしのその〈ＧＴＶ〉のステアリング操舵力や保舵力は、ＦＦでさえパワーアシストなぞ存在しないクルマばかりのころにクルマの運転を始めて、以降もそういう古いクルマに乗る機会が多かった身としては、別にとりたてて重いとは思わなかった。

だから、もし今、ある種の知的好奇心からＡＥ86というクルマにわざわざ乗ってみようと思うのならば、パワーステアリング非装備のものを探して買うべきだと思う。もし見つかった個体が装備車輌であったら、それはノンパワーの操舵系にコンバートを考えてもいいくらいの差だ。


もうひとつ、〈ＧＴアペックス〉で感じたのはボディ剛性についてだった。

1カ月前に乗った3ドアハッチバックの〈ＧＴＶ〉は、２ドアノッチバック形状のボディを持つ今回の〈ＧＴアペックス〉よりも確実にリアの上屋がユルかった。

それは〈ＧＴＶ〉の後席に座っていたときに確認した。ＢピラーやＣピラーとドアの隙間に指を突っ込んで、ボディの変形を観察したのだ。正確には観るのではなく、皮下の痛覚で感じ取るのだが。

こうすると色々なことが分かる。上屋の後ろ側を懸命に硬めているクルマもあれば、おそらく意図的だろう変形させているクルマもある。例えばＢＭＷは前者の代表であり、Ｗ２０４系Ｃクラスになるまでベンツは全て後者だった。また、２００５年頃までのアウディは、Ｂピラーまではガチガチに硬いのに、そこから後ろはブルブルと小刻みに変形していた。

車体に加わる応力のうち、振幅が小さくて立ち上がりの鋭いハーシュネス系の入力は、上屋に達する前に下のほうで減衰してしまうが、斜めにゆっくりと傾斜を乗り越えるときのような周波数の低い振動は、上屋にまで達して、突っ込んだ指を締め付ける。ボサーッと座ってないで、ちょっとばかり指に仕事をさせると、メーカーの車体作りに対する考えかたが分かったりするのだ。

だから、〈GTV〉の意外に窮屈ではない後席に座っていたとき、これをやってみた。

すると、面白いことが分かった。

当然ではあるが、Bピラーまわりや、Cピラーとハッチゲートの間に突っ込んだ指は、路面不整に遭うたびにビリビリとした振動を感じ、緩いアンジュレーションを乗り越えるときや曲がるときには、明らかに締め付けられる。別に飛ばすわけではなく、タウンスピードで走っていてそうなる。まあ1980年頃に設計された国産車の20年落ちボディだから、それくらいの車体構造材の変形は当然ではある。

だが、驚いたのは、リアゲート前縁と屋根の間に指を突っ込んでみたときだった。

クラッチをつないでクルマが動き出そうとすると、その発進トルクの高まりに呼応する形で、グイグイと盛大に指が締め付けられるのだ。ということは、つまり、エンジンのトルクを受けて後輪が地面を蹴ろうとすると、車体が折れ曲がる方向に変形するのだ。これを専門的に言うと、縦曲げ剛性が著しく低いということになる。
この曲げ剛性の低さは、原初設計のせいだけではないことが、いったんクルマを降りて観察したときに判明した。

〈GTV〉は、サンルーフ装着車だった。そのサンルーフの左右の脇の鋼板が歪んで波打っている。おかげで、何年か前に剥離全塗装したというペイントが剥がれかけていて、錆を気にした持ち主はテープを貼って応急処置をしていた。

外皮応力構造（セミ）モノコック形式の車体の場合、ルーフパネルはねじり方向の剛性よりも、曲げ方向の剛性に対する寄与率が大きい。要するにそれは、2次元の平板の周囲四辺がパイプ状の骨格に貼り付いた構造（ＡＥ86はそうではないが、クルマによっては左右Ｂピラー頂点を結ぶパイプも入るから、その場合、骨格は上面視で〈口〉の字型ではなく〈日〉の字型になる）なのだから、曲げよりもねじりに弱くて当然だ。

しかもＡＥ86の場合は、時代ゆえＡ、Ｂ、Ｃ各ピラーも、サイドレール部（ルーフ両脇を走るパイプ状の構造）も、今の目から見ると脆弱だ。もしかすると、ルーフパネルとサイドレールの接合部の溶接も健康ではないのかもしれない。

原因はともかく、現実にサンルーフ脇が波打っているということは、車体に加わった曲げ応力に対して構造が踏ん張りきれていなかった証拠である。しかも、こうして波打ってしまっているから、曲げ応力に対しては、蛇腹が伸び縮みするように、さらに変形しやすくなっているはずだと思った。

そんな〈GTV〉に比して、〈GTアペックス〉は明確にリアが硬いのである。

これはクルマのコンディションの差に起因するものではなく、間違いなく車体形状の違いゆえだ。2ドアノッチバックの〈GTアペックス〉は、リア上屋がガラス窓によって閉じており、その下縁を受けるようにリアシェルフを形成するパネルが左右に渡される。つまり形状的に剛性が高い。これに対して3ドアハッチバックの〈GTV〉の後ろ半分は、構造壁が抜けていて、要するにボディはただの筒である。剛性が違っていて当然ではある。

では、剛性が高くてよかったのかというとそうは思わなかった。前とのバランスが悪かったからだ。

〈GTアペックス〉のエンジンコンパートメントまわりは、グズグズに緩くなっていた。そこの構造は同じなのだからあたりまえである。これは〈GTV〉もそうだった。
そのユルい前に対して〈GTアペックス〉は後ろが硬かった。ゆえに前と後ろの感触が合わないのである。路面不整を受けてリアの重いリジッドアクスルが踊った際も、その入力がうまく抜けてくれない。ダンパーがどうとか——、ブッシュがどうとか——もちろん抜け切っていた——もちろんクタクタだった——の問題ではなく、もっと根本的なものである。もし車体に丁寧に補強を施して競技車輛にでもしようと言うならば、ボディ剛性の素養の高い2ドアノッチバックにするべきだろうが、ボディには大々的に手を入れずに乗るのであれば、AE86は3ドアハッチバックのほうが気持ちよく乗っていられるだろう。

エンジンは——これは触れるのをよそう。明らかにコンプレッションが抜け気味で、動弁系も怪しい音がしていたから、気遣ってあまり踏まなかったのだ。それでも、少し回すとパワートレイン全体に振動が出てシフトレバーが盛大にビビる。マウント劣化が根本原因ではない。エンジンとトランスミッションの結合剛性が低かった時代の典型的な特徴ではある。

という風に自動車評論家的なレポートをここまで書いてきたが、実は今回ノーマル状態のAE

86に乗って頭に浮かんだのは、もっと抽象的でシンプルな想念だった。

要するに、このクルマはカローラだということである。

確かにAE86は、4A－GEU型1.6ℓ直4DOHC4バルブという、当時のテンロク級としては最新ハイエンドスペックのユニットを積んでいたが、つまりはそれだけのこと。車体もトランスミッションもアシも何もかも、何でもない普通のクルマだった。トヨタ・カローラとは、日本人1億人が普通に乗れる、ある種究極的な普遍性を具現化したクルマであり、4A－GEU型を積んだAE86系もその例外ではなかったのだ。

凄いのはエンジンだけ。いや、正確に言えばエンジンの仕様とスペックだけ。そのDOHC4バルブユニットは、過渡域トルクがはっきりと不足しており、といって高回転でもパワー感は薄くて振動も大きく、決して膝を打つような出来ではなかったし、そのエンジンによってカローラが目の覚めるようなスポーツカーに変身することはなかった。新車のころに乗って感じたその印象を、まざまざと思い出したのである。

ちょっと元気なエンジンを積んだ普通のクルマ。それがＡＥ86の実態である。車重は１ｔを切る。そのホイールベースは２４００㎜という黄金値。そして後輪駆動車である。こういったＡＥ86の基本要件が、その後の時代の移り変わりによって、結果的に脚光を浴びて称賛されることになっただけなのだ。ＡＥ86は名車として生まれてきたわけではないし、現役当時は誰も名車だとは思っちゃいなかった。ＴＥ27系以来のツインカム・レビンの現行モデルだから買われただけだった。しかしＡＥ86は、ＣセグメントやＤセグメントが一気にＦＦ化していき、また世界中の高性能車が物量投入型の重厚長大ＧＴになっていく流れの中で、少しずつ名車として輝くようになっていった。それは世の中の移り変わりが名車にしたクルマであり、相対性において光を放った機械である。

そのことは、ＡＥ86のあとに初代ＮＡ６ＣＥ系ロードスターに乗ってみたときに確信した。乗せていただいたのは、当時人気絶頂を誇った〈Ｖスペシャル〉である。木製リムのナルディのイナーシャが操舵系に微妙に合っていないとか、ただレバー比を切り詰めておいてゲートのクリック感を強調したシフトが本物の英国製スポーツには似て非なる悪感触だとか、２代目ＮＢ系以降とは違ってフロントのロールセンターが高いにもかかわらず、リアのほうは軽くてすぐ流れようとするのは同じなどという点などは、新車に仕事で乗ったときとそっくり同じだったが、そんなことはどうでもいい。それよりもっと重要なことが、今回乗せていただいて、あらためて分かった。

初代NA系ロードスターは、ホイールベースこそ黄金値2400㎜より短いが、車重は1tを切り、ホイールベース中央に着座する後輪駆動車というAE86同様の基本素養を備えたクルマである。にもかかわらず、このNA系ロードスターはAE86とは違うクルマだった。

このクルマは普通の自動車ではなかった。という言いかたをすると誤解を招くかもしれないから言い直そう。NA系ロードスターには、明確な意図があった。こういうクルマにしようという作り手側の狙いがあり、それが現実の機械として具現化されているクルマだった。

それは、AE86がカローラという量販Cセグメントの1グレードで、かたやロードスターがマツダの量販車種ラインナップから孤立したモデルだという事実とは直接的には関係しない。そういう成立の背後関係や経緯を抜きにして、一台のクルマとして乗って虚心坦懐に感じたところが、AE86はただの普通のカローラであり、NA系ロードスターは意図を込めて作られたクルマという結論だったのだ。

そして、その結論の先に見えてきたのが、日本車にとっての１９８０年代という時期のことだった。

ＡＥ86のプラットフォームは前任ＴＥ71系からのキャリーオーバーである。カローラという大黒柱をＦＷＤ化する際に、慎重なトヨタはレビン&トレノを例外としてＦＷＤ化の全面戦線展開を急がず、先代のシャシーをそのまま引き継がせて、４Ａ－ＧＥＵ型の搭載のみを目玉とし、あとは操舵ギアをボール循環式からラック&ピニオンに変えたくらいで済ませたのだ。ということは、ＡＥ86の基本エンジニアリングは１９７０年代頃のものである。かたや１９８９年2月にアメリカで発表された初代ＮＡ系ロードスターは、紛うことなく１９８０年代のエンジニアリングである。

その間の10年、70年代と80年代というふたつの時代がそのまま、この2台に反映されている。

70年代から80年代へ――。その10年間に日本車は実に多くのことを学んだ。

例えばボディ剛性のこと。クルマの味についてきわめて重要な部分を占めるこのテーマについては、単なる静的剛性の検証からスタートして、局部の剛性の作りかたへと進み、やがて全体のバランスにまで視点が深化していった。

エンジンもそうだった。ただ吸排気弁を4つ並べるだけでなく、燃焼状態の解析に踏み込み、さらには慣性吸排気によるトルク特性の仕立てかたを会得していった。カム山の曲線研究がなされ、ピストンやコンロッドは形状が洗練され、ヘッドボルトは締め付け方法が弾性域トルク法から塑性域角度法に大転換した。

アシも、ダブルウイッシュボーンやマルチリンクを手がけるようになり、ブッシュ弾性の働きを任意にコントロールする術を学び、位置決め能力も確かになっていき、アライメント設定も緻密になった。高価格車ではダンパーやばねなど緩衝装置の可変にまで挑戦した。

ありとあらゆる要素技術に関して研究を進め、これまで個人レベルの経験値だったものを定量化してロジックとして蓄積し、それらを手段として用いて、〈走り〉とか〈世界〉などと表現される抽象的な概念をクルマという機械に埋め込む仕事を始めたのである。

振り返れば1970年代は、排ガス対策という大障壁を乗り越えながら、〈普通に走る〉クルマがなんとか作れるようになってきた時代だった。野球で言えば、漸く1軍ベンチに入れるようになった若手であり、公式戦でプロの投手を相手に甘い球ならセンター返しのヒットを打てるところまできた選手である。

それが１９８０年代を過ごすうちに、普遍普通を超えて、意図した走りを狙えるようになった。進塁打が必要な場面なら内角に食い込む球でも右打ちできる。配球を読み、ストレート待ちのときに変化球が来ればカットで逃げ、長打が欲しい状況ならそれができる。そんな選手に成長していったのだ。

そのステップを踏むことを可能にしたのが、紆余曲折はありつつも１９８９年の頂点に向かって右肩上がりし続けていった経済成長と、それが生んだ開発研究コストと人的投資の豊富さだった。ユーノス・ロードスターのスポーツカーとしての美点の根幹は、２座オープンカーを専用設計で作るという企画の時点での勝利であり、それを可能にしたのは１９８０年代の日本の経済好況であったことは確かだが、これを一台のクルマに仕立て上げる現実の作業においては、意図したものを具現化できる手段の獲得がなければどうしようもなかったのだ。一例を挙げれば、ロードスターの前輪キャスター角は、現代の後輪駆動車としては少なめの指定値だが、これはカウンターステアを入れようとするとき、リムから手を放せば、穏やかに、かつすっきりと舵が戻っていくことを優先して、当初の想定よりも削った結果なのだという。こういう細かな要素技術の積み重ねがなかったら、ロードスターはＦＲ時代のファリミアの屋根を切り取った程度の凡庸なクルマになっていたに違いない。

そして、AE86系レビンとNA系ロードスターの間にあった差が、そこだった。例えば、レビンGTアペックスは2速でも3速でも4速でも茫洋たる安定感をそこはかとなく湛えて走ったけれど、ロードスターVスペックは3速や4速ではハチロクよりもリアの座り感が薄く、しかし2速では一転して今なお鮮やかな身のこなしを見せてくれた。言うなれば、巴戦における小回り旋回機動に特化した軽戦。陸軍機で言えば二式戦闘機〈鍾馗〉ではなく一式戦闘機〈隼〉か。恐らくそんな開発者が狙った走りのイメージがまずあり、それが具現化されているのがロードスターだったのだ。

1980年代の日本の自動車メーカーは、意図した走りを実現する要素技術という手段を獲得したのみならず、さらにはそれを用いて性格を特化させたモデルを作るようになった。4WDと4WSとツインターボによって速さの追求を推し進めてR32系スカイラインGT－Rが生まれた。高級車のカギをNVH性能と見定めてそれに特化した10系セルシオが登場した。アンダーフロア前倒し4気筒ミドによって世界一の機動性を目指したNSXは、V6を搭載せよとの天の声を甘んじて受け入れる代わりに軽量高剛性のアルミボディとなって、スーパーカーリーグへの参入を果たした。４代目ランサーがフルタイム４ＷＤターボを得てエボリューション化し、インプレッサが同じくＷＲＸ ＳＴ·ｉ化して、ラリーに的を絞った超高性能乗用車というジャンルを作り上げた——。

そういう特殊なクルマたちばかりではない。プラットフォームのアレンジメント手法が進化し、容易に上屋形状の違う派生車種が作れるようになった。日産プレーリーに始まったミニバンは、それまでの商用ワンボックスを改変しただけのクルマでなく、初めから乗用車としての設計で作られ、１９９０年代に全盛を迎える。これも、そうした手段の進化あってのことだった。

こうして日本車は、Ａ（軽）、Ｂ、Ｃ、Ｄ、Ｅ、Ｌセグメントに置く基幹車種だけでなく、各サイズのミニバンやＳＵＶ、そして軽量2座ＦＲオープンカーから世界の高性能車をニュルで打ち破る超高性能セダンまで、ありとあらゆる車輌用形態をカタログに並べる驚異の世界に突入した。

〈ちょっとエンジンの速いカローラ〉だの〈ターボをボルトオンしただけのおっさんセダン〉だの〈スーパーカー風の恰好をしたストレッチ版コロナ〉だのに、いちいち興奮して大金を突っ込んで喜んで乗っていた昭和30年代生まれには、とてつもなく贅沢な状況にそれは見える。若い世代の自称クルマ好きはミニバンばかりと嘆くが、商用トラックを転用した床下エンジン式ワンボックスの酷い室内に何時間も詰め込まれてスキーに行っていた我々からすれば、ずっと文化的な現代のミニバンがサイズと価格別に取り揃えられる今の状況は実に羨ましい。運転して楽しいのは実は商用ベース車のほうだったりもするのだが、そういう問題ではないと断言できるほど、それらのキャビン居住性レベルは低かった。クルマ好きからは毛嫌いされるミニバンは、あのころ夢に見た多人数運搬車の具体像と言ってもいい。

だが、人々はクルマがつまらなくなったと言う。

なぜだろう。例えば30年前に新車で2座オープンカーを買おうとしたら、無様なＵＳバンパーを括り付けられて老醜をさらす最終型ＭＧ－Ｂか、さもなくばスーパーセブンやモーガンやリライアントといった変種を買うしかなく、しかもその値段はロードスターの2倍ではきかなかった。それを考えれば、夢のような状況なのに、である。

試乗からの帰路でしばし考えるうちに思い当たったことがある。現在の日本車の状況はファミレスなのだ。

飯どきにファミリーレストランに入ってメニューを広げると、そこにはハンバーグ、麺類、カレーからスパゲティから中華まで、それこそこの世の料理を代表する食べ物がずらりと並んで顔を揃えている。腹が減っているこちらを、さあどれでもどうぞと待ち構えている。

にもかかわらず、それを見た途端にゲンナリする。そこには何でもあるのだけれど、何も食いたくない気分になってしまう。誰しも経験があることだと思う。

何かクルマが欲しいと思っているクルマ好きと、それを待ち構えている日本車の関係は、それに近いのではないか。どんな車種でも用意されているが、どのクルマも欲しくない――。

ファミレスでメニューを開いた途端に食欲が減退する理由は分かっている。それがどうやって完成するのかが見え見えだからだ。

コスト優先で大量に仕入れた原材料。それを工場で工業製品のように加工して、店の厨房で電子レンジ加熱や湯煎や簡単な火入れをして皿に盛る。それに携わる人間のメンタリティもまた工場生産に似て、きわめて流れ作業的であり、お仕事的である。人に美味いものを食べて幸せな気分になってもらおうなどというモチベーションは、甘っちょろい寝言と言わんばかりに一切介入する余地はなく、厳しいビジネスの現実がそこに横たわるだけである。そして、その厳しい現実が、注文のお品は揃いましたかの台詞とともに卓に運ばれてくる。

我々の食欲がファミレスで萎えるのは、使う油が低級だったり、ハンバーグが肉よりツナギのほうが多そうだからといった具体的なことが理由なのではきっとない。フォーマットだけはジェノバ風とか四川風とかの立派でお洒落な装いをしているのに、その構成要素の全てがコストと提供所要時間を削りまくった結果のものであり、一応炊いた米に見えたり、とりあえず牛肉の味がするだけの物体であることを知っているからだ。ゆえに、凝って華やかな料理フォーマットそれ自体が、マーケティング担当者と企画担当者の小賢しい仕事の結果に見えてきてしまう。食べて幸せになれると思えなくて当然である。

日本車は、まさにそのファミレス状態に陥っているのだと思う。それ自体、別に大した内容でもないプラットフォームを使って、コンピュータ支援シミュレーションを駆使してクルマを仕立て、ベンチマーク車輛を横目で眺めて設定した数値基準はちゃんと充たすように作っていく。そういうことができるようになったのは間違いなく技術の進歩なのだが、そこに素材の力を基盤にしてこれを積み上げた充実はないし、込められた魂もない。だから、こんなに楽しそうなクルマ形態が豊富に居並ぶのに、こんなにツマらないクルマの群れはないと思ってしまう――。メーカーだってそこに気がついてはいる。だからトヨタはレクサス・ブランドを日本で展開したのだ。

しかし、その原料はトヨタのそれであり、トヨタの社員がトヨタ社内で造る製品である。すかいらーくと変わらぬ原料を使って少し気取った献立を仕立て、それを別店舗の内外装と接客形態で提供するバーミヤンやグラッチェガーデンズである。それが結局ファミレスであることには変わりないのだ。

そのレクサスが目標にしているＢＭＷやベンツやアウディはファミレスではない。長年やってきた料理を軸にメニューをシンプルに構成するレストランや定食屋である。

彼らのメニューの主軸は、今でも大中小のセダンであり、それも少し前までは大と中しかなかったくらいだ。上トンカツ定食と並トンカツ定食しかなかったわけである。最近こそ、そこに串揚げ定食だのの料理が加わってはいるけれど、あくまで添え物的バリエーションであり、お客はあくまでトンカツを目当てに店に行って、気分が逸れたときにそちらを頼むに過ぎない。

そんな彼らのトンカツは、看板料理だから気合が入っているのではない。美味いと言ってもらえなければ会社の存亡にダイレクトにかかわるから魂が入るのだ。どんなに人気料理であっても、原材料費が上がれば、あるいは売れなくなれば、次の月にはさっさとメニューから消すファミレスとは、根本的に商売の構造が違うのである。

しかし、そんな例え話をしていても、日本車のファミレス的現状は変わらない。面白いクルマがないという声は水面下に漂い続けるだろう。

では、どうすればいいのか。

この現状の中に抜け穴はあることはある。ファミレスのメニューの中の一品に見えながら、実はそれ自体が単品勝負の専門レストランという構造になっているクルマがあるのだ。

ひとつは商用車だ。これは企画屋だのの小賢しさが入り込む余地のない、きわめてプラグマティックな領域の商品である。そして華麗なバリエーション展開の余地も基本的にはなく、5ナンバーのライトバン、5ナンバーのワンボックス、3ナンバーのワンボックスといった単品ずつの展開だ。おまけに使用者は自分の稼ぎが懸かった道具だから、実質的な利得を何よりも最優先し、それ以外の部分には目もくれない。言うなれば、塩むすびの専門店である。

また、既に確立されたモデルがそうである。例えば日産GT－R。三菱ランサー・エボリューションとスバル・インプレッサWRX STI。そしてマツダのロードスター。これらは、名前こそ人口に膾炙してはいるけれど、数量的には大して売れないクルマであり、上げる金銭的利益もたかが知れている。その上で内容が冴えなければ、狭い顧客層にそのことはすぐに知れ渡り、売り上げは下落して、企業イメージまで傷つけるから、即モデル廃止が待っている。これもまた単品勝負のトンカツ屋やカレー屋と同じ構造だ。

つまり、こうしたクルマたちは、ファミレスの中で店を構えるレストラン内レストランであり、背水の陣で臨む一軒の専門店なのだ。

そういう立ち位置だから、それに携わる人々は、美味なものを出せればそれなりの評価を受け、不味いものしか出せなければ、たちどころに店は潰される。自然と魂を入れざるを得ない状況である。時には、かつて魂を捧げてきた何世代ものOBが、巨人や阪神の春季キャンプの如く顔を出して現役にあれこれ要らぬコーチをして五月蠅くて困る状況も現出するらしいし、過去の名作への世の高すぎる評価もプレッシャーになるが、それは老舗の跡継ぎなら誰でも味わう普遍的な辛苦である。マーケティング屋がここにニッチ市場があると決めつけてひねり出したニューモデルのように、魂を入れようにも入れる方角の見当もつきかねるような物体とは違うのだ。

これは、既にブランドを築いた者だけが生き残るという三文ビジネス書のマーケティング理論の話では断じてない。そこに物理的な理由が明白に存在する話である。

だから、鳴り物入りで登場したトヨタ86が、どういうクルマになっているのか、つまりファミレスのメニューなのかトンカツ屋のトンカツなのか非常に興味があったのだ。だが——。

それは、富士重工というトンカツ屋にレシピを担当させて仕立て上げた、見事なまでに小賢しいファミレスの飯だったのだ。

（ＦＭＯ　２０１１年10月11日号・10月18日号／午前零時の自動車評論２収録）

理想の遺跡

ポルシェ991系911のスペックを眺めていて、あのクルマのことを思い出した。生まれてから50年目になる911は、もうあのクルマよりも大きくなってしまった。

あのクルマとは928である。1977年に登場した928は、全長が4447㎜もあって、そのときの930系911よりも15㎝も長かった。全幅も1836㎜で18㎝以上も広かった。ふたまわりほど928は911よりも大きく、設計意図と本質はともかく、実力が裏支えしてスポーツカーという扱いをされてもさしたる違和感がなかった911に対し、928は大型GTという立ち位置で棲み分けている印象だった。

ところが、今や991系911は、ホイールベースこそ928よりも5㎝短いけれど、外寸においては928と同等の堂々たる体躯に成長してしまった——。

カイエンやパナメーラが売り上げを支える今日のポルシェだが、社の象徴として看板を支えるのはやはり911である。かたや928は、ポルシェがそういうクルマを造っていたことすら忘れ去られようとしている。同じころに生を受けた924系列は、生涯の最後に968CSという秀作を送り出したことでスポーツカー愛好家の記憶にまだ薄らと残っているようだし、まだ中古の売り物を市場で見かけることもあるけれど、928は中古市場で見かけることも稀で、存在の痕跡すら残さず、人々の脳裏から消え去ろうとしている。

だが、登場した70年代終盤から80年代にかけて、928というクルマは、ポルシェの未来を切り開く新星として眩しく輝いていた。新時代のエンジニアリングとデザインの象徴として、それは光を放って我々の目に映っていたのだ。

たぶん昭和40年以降の生まれの人には理解できないかもしれないが、あのころは、911こそが消え去るべき老兵だったのだ。もう911は古臭くて命脈が尽きた機械だろう。もう今は928と924の時代だ。確かに我々はそう思っていた——。

なにしろ時代の風が、そちらの方向に吹いていた。911の生命の火をかき消そうとでもするように風が荒れ狂っていたのだ。

1970年9月22日、アメリカ上院議員エドムンド・マスキーが〈CO、HC、NO_X全てに関して、5年以内に排出量を現在の10分の1以下へ削減すること〉という強烈な内容の大気浄化法改正案を議会に提出。これが12月に議会を通過してしまった。

もちろん、世界中のメーカーがこれに頭を抱えたわけだが、中でも顔色が優れなかったのは、生産台数の少なくない割合を北米市場に送り出していたポルシェであった。なぜなら、その時点での彼らの持ち札は911と914だけだったのだから。両モデルが積む空冷エンジンは燃焼温度の緻密なコントロールが難しく、排ガス対策は不得意な項目である。そこへ厳しい規制がかけられるならば911と914に未来はない。

それでなくても911には逆風が吹き始めていた。1965年、ラルフ・ネーダーという名の弁護士が『Unsafe at Any Speed』なる書を出版し、その中でシボレー・コルベアの操安性の危険を槍玉に挙げた。これをきっかけに、コルベアは68年に生産中止に追い込まれる。そのコルベアは空冷フラットシックスをリアオーバーハングに積むRRであった。その範となったのはポルシェが開発したビートルであり356であり、ゆえに356の発展版である911にも周囲に同じ疑惑の空気が漂い始めていたのだ。

そういうところへもってきて、追い討ちをかけるようにメガトン級の爆弾が落ちた。１９７３年10月、第四次中東戦争が始まり、これを受けてＯＰＥＣ（石油輸出国機構）加盟６カ国は石油の公示価格を7割以上も値上げ、またＯＡＰＥＣ（アラブ石油輸出国機構）は毎月５％ずつの生産削減をするという石油戦略を発動したのだ。この結果、１バレル当たり3ドル台だった公示価格が、翌74年1月には一気に11ドル台にまで達する暴騰となる。所謂石油ショックが起きたのである。

加えて言えば74年にはＦＭＶＳＳ（連邦自動車安全基準）が北米市場で、５ｍｐｈ以下の衝突では変形しないバンパーの装着を義務化している。こうした暴風雨が１９７０年代前半に一気に襲ってきたのだ。

そんな暴風の波状攻撃を受けて、自動車世界は一変した。もはや自動車でスピードを求めることは、意味がないどころか、社会の敵であるという空気が生まれた。スポーツカー冬の時代の到来である。

フルラインナップメーカーであれば、省燃費型のクルマや豪華装備の居住性を売る方向に転換も図れようが、スポーツカー専業メーカーはそうはいかない。イタリアのスーパーカーメーカーは軒並み操業停止に近い状態に追い込まれた。そして高性能を売りにしていたポルシェも——。

ここに具体的な数字がある。1973年度におけるポルシェの販売実績は4.4万台だった。それが翌74年度には2.9万台へと大幅に下降している。911だけを見ても、1.5万台が3分の2の1万台となる急落ぶりであった。第二次大戦後に356をリリースして以来、順調に業績を伸ばしてきたポルシェは、ここで初めて分厚い壁にぶつかったのだった。

図らずも同じころ、会社そのものの形をポルシェは変えたところであった。

1972年3月1日、Dr. Ing. h.c. F. Porsche KG（合資会社）は組織を改変した。フェリー・ポルシェと姉のルイーゼ・ピエヒを筆頭とする一族が連合して所有する持ち株会社Porsche Konstruktion KG（合資会社）が、その株式を抱える形に改変し、それとともに一族はポルシェへの直接的なかかわりから身を引くことになったのだ。Dr. Ing. h.c. F. Porsche KGは同AG（株式会社）になり、責任はフェリーとルイーゼが負うものの、現場は新しい顔ぶれに入れ替わった。

技術部門をまとめるのはエルンスト・フールマン。彼はかつて356や904GTSの高性能ユニットを手がけたのち、ピストンリング等で知られたゲッツェ（Goetze）社の重役に転じていたが、再びポルシェに戻ってその重責を負うことになったのだ。

これに伴って、一族のひとりで、それまで技術部門のエースだったフェルディナント・ピエヒは社を去ることになり、ダイムラー・ベンツ社の技術コンサルタントを経て、アウディの技術部長の座に収まった。彼の代わりにポルシェ開発部門の長に収まったのはヘルムート・ボットである。かつて初期型911の重量配分に悩まされたとき、フロントバンパーにウエイトを仕込むという伝説的な手段を執ったのが彼だった。また、デザイン部門のトップには、911のスタイリングを仕上げた功績を持つブッツィ・ポルシェに代わり、アナトール・ラパインが座った。ラパインは、ビル・ミッチェル率いるGMデザイン室で、ラリー・シノダと並んで60年代のGMの名作群を手がけた男だ。

つまり、1972年を境にポルシェは生まれ変わったと言ってよかった。終戦直後の創業時代を知る古参たちから、新しい世代へのそれは交代だった。

当然ながらそこに新鮮な空気が醸成された。一種のモダニズムを目指す空気である。古きへのノスタルジーよりも、未来への憧憬が鮮やかに映える空気である。外に吹き荒れる逆風と、内に充ちる新しい空気。結局は、その内外の状況が生み出したのが924と、そして本稿の主役928なのだ。

928の開発が本格的に稼動し始めたのは、社の組織変更に先立つ1971年中盤と言われているが、そのスタート地点は要するにこの一点である。

911の後継車を作らねばならない——。

普通の場合の跡継ぎであれば、前任車の各要素をレベルアップすればいいのだけれど、今回は違った。そのレベルアップには明確な方向づけがあったのだ。近代装備と居住性に重きを置いた、要するに明白なGT志向である。

考えてみれば、911も、その祖先の356も、ストイックにスポーツカーとして乗っても応えてくれる実力はふんだんに備えていたけれど、しかし根っ子の部分では、やはりGTに分類されるべきクルマであった。そういう方向に本質を設定すべく、356は初号プロトで採ったミドシップ2座でなく、RRの2+2座に変えて市場に送り出されたのだし、だから市場で成功した。

その成功をなぞったから911も世に好評をもって迎えられた。つまり、ある面ではスポーツカーであり、ある面ではGTであるという二面性こそが911の本質であった。

にもかかわらず、後継車はストイシズムを減じて、安楽ゴージャス方向に寄せることを開発陣は望んだのだ。当時のエルンスト・フールマンの言葉をそのまま引けば、それは〈ラグジュアリーサルーンの要素と、スポーツクーペの要素を折衷したもの〉ということになる。

もちろん、それは世の中に吹く風の匂いを嗅いだからでもあった。例えば〈男の仕事場〉というフレーズは、かつてはストイシズム溢れたスポーツカーの内装を賞賛する褒め言葉だったが、70年代も中盤に差しかかるころになると、我々はそのフレーズを、装備の寂しい安物を冷やかす皮肉として使うようになっていた。そういう風の匂いである。

そして技術部門の責任者として、フールマンは後継車のパワーユニットに、5ℓ級の水冷V8を選んだ。

水冷は、燃焼温度の緻密な制御には不可欠である。そして3ℓ前後の911に対して大幅に増やした排気量は、排ガス規制とドライバビリティの双方を睨んでの結論だった。

往年の911の鮮烈なパワーの一端はレーシングカー並みの強烈なバルブタイミングが担っていた——ナロー期における911のクラッチ繋ぎが難物なのは実はこれによるところが大きい——のだが、それでは低速で排気への混合気の吹き抜けが多くなって、排ガスが汚れがちになる。そこでバルブタイミングを穏和化する必要が出るわけだが、それでいて加速力を確保するには、やはり排気量を増大させるしかない。豪華装備で増える車重に対応するにも、それは必要な措置だ。そして、4ℓ以上を狙うには6気筒では気筒あたり排気量が700cc近くに達してしまい、あまりにも無理が過ぎる。だから気筒数は8。きわめてロジカルで冷静な思考プロセスである。KdF／ビートルに始まって、356、そして911へと受け継がれた水平対向への感情的な思慕は、そこには全く見られない。

こうしてパワーユニットが決まったところで、フールマンは駆動レイアウト検討に取りかかる。我々は答えを知っているから、V8ならばフロントエンジン後輪駆動しかないと思ってしまうのだが、そこは社の命運を握るプロジェクト、彼は慎重を期して3種類の試案を立ててみた。図上検討ではあるが、なんとRRまで彼は試したのだ。

実は、そのときの図面が残されている。１９７１年5月12日の日付が記されたそれを見れば誰でも言葉を失ってううむと唸るだけだろう。

その図面に示された車体のアウトラインは、寝たウインドシールドやハッチゲートらしきリア造形、フロントエンドおよびリアエンド処理が明らかに９１１風ではなく９２８によく似ていて、と同時に車体サイズが拡大されており、ホイールベースは市販版９２８と同一の２５００㎜と指定されている。そして、そのリアオーバーハング部に巨大なＶ８が鎮座しているのだ。

フラットシックスですら危うかったのに今度は質量もかさんでユニット重心が高いＶ８。それだけでなく、ＲＲでホイールベースを延ばせばリアヘビー度は強くなる理屈で、さらにそこに豪華装備を盛り込めば、車重そのものも増大する。９１１では要素技術の優秀で辛うじて抑え込むことができた操縦性リスクは、この設計では明らかに一線を越えるだろうことが素人にも分かる。

ちなみにサスペンションは、後ろは９１１と同じくセミトレで、ハーフシャフトにはデフ出力点からハブに向けて20度近い後退角がつけられて、デフに対して後輪を後ろにずらしており、相対的にＶ８をホイールベース間に少しでも押し込んでリアヘビーを緩和しようと必死の設計である。前サス形式は、９１１のようなストラットではなく、上下Ａ字アームのダブルウイッシュボーン。フロントオーバーハング部には左右ひとつずつバッテリーが置かれており、ヨー慣性モーメント肥大に目を瞑ってまで前後輪荷重バランスの是正（＝重心を中央寄りにする）を目論む。それは街金で借りた100万円単位の借金を禁煙と500円貯金で返そうとする姿に似て、哀れさえ感じさせるナンセンスだ。

あまりに無謀なこのRR案は、意外なことに操安性の要件ではなく、パッケージとNVH（騒音振動）要件から捨てられることになった。V8は縦にも横にも上下にもかさばる。しかも排ガス浄化デバイスや空調用補機を抱いたそれを、テールの狭いスペースに押し込むのは無理が過ぎる。また、後席の真後ろにエンジンを置けばNVHはきつくなる。かつて911でも彼らはそれに悩んだのだ。RRでNVH要件をクリアするには、コストのかさむ車体構造を採る必要があることは目に見えていた。そういう理由でRRは捨てられることになった。

また、このとき彼らはミドシップも検討している。ミドシップV8で2＋2座。そのレイアウトは、ランボルギーニが既にウラッコで現実化していた。1970年10月のトリノ・ショーでお披露目されたそのクルマは、設計主務者パオロ・スタンツァーニが、年間1万台以上を売るポルシェ911のマーケットを狙って生み出した意欲作だった。スタンツァーニの腕の冴えは、ホイールベースを２４５０㎜という驚異的な短さに収めてみせていた。しかしポルシェは、Ｖ８ミドでは、居住空間が広くは取れないという理由で早々にこれを廃案とした。ウラッコの後席スペースはターゲットの９１１と同等で構わなかったが、９２８は９１１以上に広くなければならなかったのだ。

そして残ったのがフロントエンジン後輪駆動、しかもトランスミッションをリアのディファレンシャルと一体に置く、所謂トランスアクスル方式であった。

ちなみに、９２４もまたトランスアクスル方式を採用しているが、実は９２８のそれとは重要な点において異なっている。

９２８は、デフから車体前方に向かって縦置きのトランスミッションが突き出す形だが、９２４は後ろのリアオーバーハングに向かってそれが延びる。これは９２４の場合、企画段階でアウディ１００のパワートレインを流用することが決まっていたからである。アウディは縦置きＦＷＤ。そのトランスアクスルをエンジンから切り離してリアにずらすと、デフが前でトランスミッションが後ろという形になってしまうのだ。一方、トランスアクスルを新設計できる９２８

では、トランスミッション部はデフの前方に伸びる形となった。
重量配分を考えれば、９２４方式よりも、ホイールベース内にトランスミッションが収まる９２８方式のほうがよいに決まっている。しかし、これが別の難点を呼び込んだ。前に突き出るトランスミッション部は、そのまま後席に食い込んでしまうのである。フェリー・ポルシェはのちに自伝でこう語っている。
「９２８の初号試作はメルセデスのクーペのように広かった。しかし、開発が進むにつれて、どんどん狭くなっていった」。

メルセデスのクーペとは、Ｗ１１２系Ｓクラス・クーペなきあと、その市場を守るべく１９７１年に送り出されていたＣ１０７系ＳＬＣである。Ｖ８を積むその２＋２座クーペは、２座オープンのＳＬの兄弟車として企画されてスポーツカー的なスタイリングを施されており、Ｖ８信仰の根強いアメリカ市場で独自の地歩を築いていた。実は９２８は、そのＳＬＣのマーケットを視野に入れた商品だったのだ。

そんな風に豪華ＧＴ的なファクターをしっかり担保すべく企画されていた９２８には、北米で必須のトルコン式ATの採用が規定路線化していた。ところが採用することになったダイムラー・ベンツ製ATは、想定よりもサイズが大きかった。しかし、V8の大トルクを流せるATは他になく、サイズに目を瞑ってこれを用いるしかない。

そういうわけで、フル4座に近いところを狙っていた928は、当初の計画よりもずっとリアの居住性に翳りが生まれてしまった。ポルシェ版SLCは、ポルシェであろうとしたためにSLCのような安楽性を得られず、スポーティ傾向に寄ることになった。

こうして開発が進められていたとき、アウディに転出していたピエヒがある提案をしてきた。ちょうど彼の旗振りでアウディが鋭意開発中の直列5気筒を使わないかと言ってきたのだ。元々アウディのコンポーネンツを利用することになっていた924には、それがそのまま使えるし、直5を2基合わせてV10として、そちらを928のパワーユニットとすればいいというのがピエヒのアイデアであった。ダッジ・ヴァイパーに15年も先立って、928は世界初のV10搭載市販車になるところだったのである。

しかし、その提案は却下される。924だけでなく928のエンジンまでとなると、VW＝アウディへの依存度があまりに高くなりすぎるというのが、その理由だった。V8はあくまで自社設計。それがポルシェの選んだ道だった。

今に残された資料を読むと、技術陣が様々な実験ベース車輛を使って928の開発を進めていったことを物語っている。928は彼らにとって技術的に初めての試みの連続となる。それゆえ、いきなりプロトを造るのでなく、主要コンポーネンツを試作すると、それを他社のクルマに押し込んで実験を繰り返したのである。そうした実験ベース車は5台以上が確認されている。

まず、V1と名づけられた第1号実験車は、なんとメルセデス・ベンツ350SLをベース車輛に使っていた。これはトランスアクスル式パワートレインのテストに供された。71年に登場したR107系のSLは、ホイールベースが2460㎜で、928のそれに近かったので用いられたのだろう。

第2号となるV2実験車は、これまた意外なオペル・アドミラルだった。同格の5.4ℓV8搭載車をバリエーションに持ち、フロントエンジン後輪駆動レイアウトを採るこのLセグメント車は、サスペンションの運用実験に使われた。

V3からV5までの実験車はアウディ100クーペ。エンジン縦置きFWDのそのクルマは後輪駆動に改変されていて、V1と同じくパワートレインのテストに用いられた。ただし、そのパワートレインは、今度は928方式、すなわち前のエンジンと後ろのトランスアクスルを鋼製のチューブで剛結するやりかたで試された。

またDKWのオフロード4WD〝ムンガ〟が、エンジンのテストに使われたという記録も、これらとは別に残っている。

こうして各コンポーネンツのテストを終えると、一から自分たちで造り上げた本式のプロトタイプ車輌でのテストに移行していく。そのプロトはW1号からW12号までの12台とされる。ちなみに、その最後のW12号が量産試作車だった。

そんな風にして928は開発を無事に終え、1977年3月のジュネーブ・ショーにて発表されて、その年の後半から市場投入されることになる。

デビューした928は、まずその斬新なアピアランスで衆目を集めた。

新デザイン主任アナトール・ラパイン監修のもと、現場担当を任されたのはヴォルフガング・

メビウス。彼の手によるスタイリングは、ＫｄＦ／ビートルにまで遡ることのできる古典的な９１１のそれとは隔絶したもので、しかも当時のトレンドよりも相当に先行した、実に未来的な造形だった。まるで宇宙船か何かのようにツルリと角を丸めたその車体は、ライバルたちとは見事に一線を画すものだったのだ。例えば同じころにデビューしたスーパーカー勢が、ガンディーニやジウジアーロ流の折り紙細工のフェイズにいたことを思えば、その先進性が分かるだろう。内装においても、ねじれた市松模様のシート生地などは、１９７０年代最先端のグラフィックアートを見るようであった。

また、９２８はプロの技術者たちの注目も集めた。斬新な技術ディテールがこれでもかと盛り込まれていたからだ。

エンジンがまずそうだ。

クラウス・シェルマンとハンス・メッガーとロベルト・ビンデルという3人の技師が設計に携わったM28型90度Ｖ８はアルミブロックだった。しかも、通常はそこに挿入される鋳鉄製シリンダーライナーを廃した、ライナーレスブロックだったのだ。

ライナーレスにすれば、冷えやすいアルミだけなので冷却効率は上がり、またライナーの厚み分だけブロック剛性も上がり、ボアアップ限界も増す。
　ちなみに、アルミそのままだとピストンやリングの攻撃に弱くなるので、普通より多めにシリコンをアルミに配合して、気筒壁の部分に逆メッキをかけてそれを析出させている。これは米レイノルズ・アルミ社が開発した手法で、まずシボレー・ベガが採用し、ポルシェが74年／75年の911用2.7ℓ空冷水平対向ユニットでそれに続き、さらに928で拡大採用することにしたのだ。このライナーレスアルミブロックは、ダイキャストで鋳造する技術も含めて障壁が多く、市販実績はこうして70年代からあるのに、一般化するのは1990年代後半からとなる。例えば、トヨタは初代セルシオV8で採用を目論んだが果たせなかった。

　このM28型ユニットは形状設計そのものも進歩的だった。ブロックはクランク中心線で上下に分かれる形で、下側のクランクケースにはメインベアリングキャップが一体になっていて、それ全体でクランクを強固に抑え込む。日本では1990年代の声を聞くころにやっと採用例が出始めた設計技法だ。フェラーリV8に至っては、F430のときに、漸くこの手法に転じている。

　また駆動系全体ではトランクアクスルがそうだった。これは、レーシングカーではFRからミドへの過渡期に生まれた手法だが、量産市販車で一般的になるのは最近のこと。ハンドリングの融通性を重視してV12をフロントに積むフェラーリやアストンが、FRながら走りを突き詰めるためにこれを揃って採用しているのは、ご存知のとおり。

またポルシェは、車体の軽量化策としてアルミニウム置換にトライしていた。928の応力構造は、0・88〜1・75㎜厚までの鋼板（330MPa級の通常の冷間圧延鋼板）だが、応力を受けないドアのアウターパネルやボンネットなどの蓋物、フェンダーなどがアルミ化された。SAEに担当技術者が提出した論文（780178号）によれば、そのアルミとはマグネシウム0.4％とシリコン1.2％を含むもので、これは規格では6016番や6022番に近い素材。また、同論文によれば、一部のインナーパネルにはマグネシウム4.5％とマンガンを含むアルミ板材が使用されているという。こちらは、5018番だろう。

こうした非応力材のアルミ置換によって、928のホワイトボディ重量は、全鋼製だった場合の303kgに対して、268kgに収められることになった。これは997カレラよりも5kg軽く、また総アルミ構造のフェラーリF430のそれよりも4kg軽い仕上がりである。

ちなみに、ポルシェの意図はこうした蓄物へのアルミ使用に留まらず、車体全てをアルミ化するところまで彼らは視野に入れていた。そして、市場投入後にその実験を行い、実際に総アルミ車体（フレーム形式でなくアルミ板溶接構造モノコック）の実験車輌を製作し、その成果をまとめて１９８３年にＳＡＥに論文発表（８３００９４号）している。そこに記されたデータによれば、この総アルミ車体の重量は、右記のように２６８kgあった生産型９２８に比して、そのほぼ40％減となる１６１kgを達成していたという。それを物語るように、ふたりの男がその総アルミ車体を手で持ち上げている写真が論文には掲載されていた。

いくら軽くても剛性が落ちるならば意味は薄い。だが、この総アルミ車体は、静的曲げ剛性は基準車の93％、重量比が効くその固有振動数では96％を確保。ねじり剛性では、静的値が70％だが、固有振動数では96％を確保していた。また、同論文中には長期耐久性や衝撃吸収能力はもちろん、車内騒音値の計測データまで完備しており、さらには溶接設備やペイント対応性への言及もある。

ポルシェは、ホンダＮＳＸを皮切りに世界中のメーカーが１９９０年代に入って総アルミ車体の実用化に乗り出したのに対し、あくまで鋼板構造での軽量化に留まる保守的な姿勢を見せ、現行の９９１系で漸く応力構造へのアルミ使用に踏み出したが、実はそちらへの研究へは30年以上前から本腰を入れて取り組んでいたのだ。

だが、何よりも注目を集めたのはリアサスだった。

アッパー側にI字アームと、ロワー側にA字アームを使う928のこのリアサスは、ジオメトリーの面からは、キャンバーコントロールアーム付きセミトレーリングアームに分類されるものだが、要点はそこではない。

そのA字アームの前側ボディ結合点には小さなリンク機構を介在させてあり、かつA字の後側の腕を板ばね状にして撓むことができるように設えてある。

これによって、制動トルクがタイヤに入ったときに、普通のセミトレやウイッシュボーンであればトーが開いてリアのスタビリティを害うのに対し、928の場合は逆に最大2度までトーイン変位して安定性が増加する。

乗り心地を向上させるために、前後方向の位置決め剛性を落としつつも、トー角をイン側に安定させることのできるこの仕組みは、ヴァイザッハアクスルと名づけられ、この考えかたの延長線上でメルセデスはマルチリンクを生み出した。その意味では近代リアサス形式の始祖であると言えるだろう。

他にもアルミ製の前サスアームや、バッテリーをリアのトランスアクスルと結合して、振動ダンピングに利用する技など、見る人が見れば、928はプロが感嘆するようなディテール技術の宝庫だった。そして、これらは自動車技術の世界に強烈なインパクトを与えることになった。

今、928を再検分して溜息が出るのは、そうした技術が、限界性能の向上ではなく、パフォーマンスと安楽性の両立に使われていることだ。例えばリアのトー剛性にしても、リンクブッシュを硬めてしまえば確保できる。しかし、それでは車体に衝撃が正直に伝わってしまう。位置決めと乗り心地という相反するテーマを、そうした新技術の投入で両立させたから928は凄かった。

こういう技術による一種の洗練性は、なかなか進化を一般に理解してもらいにくい。人はもっと単純な刺激性、例えばガチガチに硬いサスや身震いして吼えるエンジンなどに喜びを見出すものなのだ。それと逆に、見事に洗練され切ったものは分かりにくい。そして928はその典型になってしまった。

その気で走らせてみれば928は、乗り心地よく安楽なまま、恐ろしいほどの領域の高さまでシレッと到達してみせる。とりわけ超高速長距離移動においては、今でも一流として通用するほどだ。ポルシェは今から30年も前に、そういうレベルに到達していた。フールマンの目指したラグジュアリーとスポーツの折衷は、そのレベルで行われていた。彼らの持っていた技術の集積が、これを可能にしたのだ。

その意味では928は、生を受けた1970年代よりも前のパラダイムの機械だったと言える。その時代、人は技術の向上が幸せをもたらすのだと単純に信じていられた。開発陣もそう信じ、安楽と運動性能の両立という幸福に向かって、磨いた技術をこれでもかと投入して928を造ってみせたのだ。

しかし70年代に入って少し経ったころ、そのパラダイムは突然終了した。機械や技術の進歩は裏で数々の歪みを生んでいて、それが1970年代になって一気に表出した。排ガスも自動車事故も化石燃料の残存量への危惧も、皆そうした歪みのひとつである。機械の進歩が、そのまま幸せに繋がらないという事実に人間は気がついてしまったのだ。

928はそうなる以前の理想を見て造られた。だから以前のパラダイムの残照があったころには、928はその残照を受けて光り輝くクルマだった。しかし、時代が完全に転換してしまった

1980年代に後半生の928は輝きを失った。

928は、デビュー2年後の79年夏に最高出力を240psから一気に300psに向上させた928Sを追加し、それを83年には310psとすると、87年にはビッグマイナーチェンジを施した928S4で最高出力320psに上げ、最終的に91年投入の928GTSでは350psに到達させた。928の最高速度は、デビュー当初は230km/h、Sは250km/h（日本仕様は240km/h）だったが、この最終型GTSでは294km/hに達した。現代の高性能GTと遜色ない性能値を最後期の928は担保していたのだ。

しかし、世はそんな928ではなく911に目を向けていた。うるさい空冷フラットシックスをリアオーバーハングに積み、後席は子供用同然に狭く、乗り心地も硬く荒々しい911に。356以来のエンジニアリングの延長線上にいて、一度は引退を命じられた911に。1980年代の人々は、単なる性能や安楽性の両立レベルの高さではなく、明確に自己を主張するアイコンを求めたのだ。あのころ、人々がポルシェ928というクルマの価値を十分知りつつ、しかし何とはなしに冷たかったのは、結局そういうことだった。

928が消えてからの自動車の世界を考えてみた。

以降、現代に至る過程で、この２＋２高性能ＧＴというカテゴリーは世界的に衰退していった。フェラーリとアストン・マーティンがＶ12を積んで、ブランドの威光によって孤塁を守ったが、フェラーリは先細りする需要に対して、今やこれを４ＷＤ化して全天候型と謳い、なんとか存在意義を作ろうと苦慮している。ＢＭＷやメルセデスは６シリーズやＥクラス・クーペといった同様のモデルを擁するが、これらはセダンから派生したボディバリエーションであって、根っ子が全く違う。

そんな中で唯一と言っていい存在が日産ＧＴ－Ｒだ。セダンから派生したモデルだったはずのＧＴ－Ｒは、Ｒ32系の時代から独立した存在の色あいが濃くなり、２＋２座の高性能ＧＴという性格ににじり寄っていった。そして、一歩ずつ足を踏みしめて進んでいく彼らの視線の先はポルシェだった。そんなＧＴ－Ｒは、現行Ｒ35系において、フロントに高出力エンジンを置いたトランスアクスル方式の駆動系という９２８と同じコンフィギュレーションに到達し、さらにはそれを４ＷＤ化して、言ってみれば９２８の進化型のような超高性能ＧＴを目指した。

その日産ＧＴ－Ｒが、９１１における高性能ＧＴ志向のトップレンジである９１１ターボと、ポルシェの庭であるニュルブルクリンク北コースで計時を争っている。それは、かつて９２８が９１１を追い落として王座に就くべく仕掛けた抗争の代理戦争に見えてしまうではないか。

ポルシェ928。今や忘れられようとしているそれは偉大な遺跡である。911の過去と現在を思うとき、GT－Rがどの技術に立脚して誰と闘っているかを思うとき、想いはその偉大な遺跡に向かうのである。

（FMO　2012年6月26日号／午前零時の自動車評論4収録）

王の物語

Ｖ12はエンジンの王者である。

あの林義正先生は、取材に応えて、「Ｖ12は真理です」とおれに言い切った。燃費や効率を謳ったダウンサイジング過給エンジンが跋扈する中、フェラーリやランボルギーニは敢然と自然吸気で大排気量のＶ12を送り出す。王は依然として自動車世界に君臨している。では、王は如何にして王となったのか。すなわちエンジンは如何にして12本のシリンダーをＶ型に並べる形式に至ったのか。その成立までの物語を書いてみよう。

□史上初の自動車エンジン真説

話を始めるとすれば、人類最初のエンジンのことからである。

そこは本題ではないから適当に済まそうと思えば、こう書けばいい。

4サイクルガソリンエンジンの実働品は1876年にニコラウス・アウグスト・オットーが製作した単気筒ユニットである――。

そのオットーのエンジン製作を手伝ったゴットリープ・ダイムラーが1883年に4サイクルガソリンエンジンを完成させて、2年後の1885年にその空冷単気筒264cc版を2輪車に載せて、この自動2輪車が史上初のガソリンエンジン駆動の乗り物となった――。

翌1886年にはカール・ベンツが4サイクル単気筒954ccを改造した馬車に載せて、これが史上初の自動車となった――。

これら単気筒エンジンがV12になっていく過程を書けばいいのである。

だが、おれはそれが真実とは違うことを知っている。2011年にダイムラー・ベンツが自動車生誕125周年という半端な数字のアニバーサリーをブチ上げて、〈ウチが125年前に自動車を発明したんだぞ〉とばかりに喧伝していたようだが、それが世間を欺かんとする強弁であることを知っている。

ガソリンエンジンで動く自動車の世界初は、ジークフリート・ザムエル・マルクスというドイツ人が１８７０年頃に完成させたものである。１８７０年ということはベンツの自動車よりも十数年早い。それどころか、オットーのエンジン単体での成功よりも早いのである。

これは、よくあるトンデモ系の異端説なんぞではない。ＡＳＭＥ（American Society of Mechanical Engineers＝アメリカ機械工学会）という由緒正しい団体の公式サイトにもマルクスの記事が載っていて、〈マルクス車が世界初の自動車だと信じられている〉と記載がある。よくある〈おらが国自慢〉ではなく、他国の団体がそう言及しているのだ。

ただし、〈マルクス車こそが世界初のエンジンで動く自動車であってベンツが初というのは間違いだ〉で、以上終わりにできるほど簡単なそれは話でもない。

ジークフリート・ザムエル・マルクスは１８３１年9月18日に生まれた。生誕地はベルリンの北に位置するマルヒン（Malchin）という街だった。ウィーン体制下にあったその当時、ここはプロイセン王国に囲まれたメクレンブルク＝シュヴェリーン大公国の領地内であり、第二次大戦後は東ドイツに属したが、1990年のドイツ統一後はドイツ連邦共和国メクレンブルク＝フォアポンメルン州となった。

マルクスがどんな家庭環境で育ったのかは分かっていない。だが、12歳で機械工の徒弟になったことは確からしい。その5年後には電信技術会社に就職。そこを辞したあとベルリンへ出て、あの電気工学の大家ヴェルナー・ジーメンスの助手となった。

しかし彼は1852年にジーメンスのもとを離れると、ウィーン体制崩壊直前の揺籃期でありながら産業革命の到来によって人口が爆発的に増加して一大都市になりつつあったウィーンに転居、その地で物理学研究所の技術者として働くことになる。そして、1860年に独立して、電気と機械を主業務とする自らの工房を興するのである。

そのころにもうマルクスはウィーンにおいてひとかどの技術者と目されていたようである。オーストリア皇帝フランツ・ヨーゼフの妃エリザベートの寝室の電気ベルを敷設したり、聡明で知られた皇帝の長子ルドルフの物理学の家庭教師を任じられていたのだそうだから。

こうして独立してウィーンで一国一城の主となったマルクスは、原動機を積んで、それが発生するエネルギーで自走する乗り物、つまり自動車を構想し始める。そして試作に歩を進める。その試作初号車は、着手の1860年から4年が経った64年には、ひととおりの完成を見たとされている。ただし、証拠が残っている年としては1870年。この年の9月3日の日付を彼自身が書き込んだ初号車の写真が残されているのである。これを根拠にして1870年にジークフリート・ザムエル・マルクスによる史上初の自動車が完成したことが識者の間で史実となっているのだ。

さて、問題は、その初号車の原動機である。

様々な資料には、その原動機は2ストロークエンジンだったと書いてある。だが、それは現在、我々が使っている意味での2ストロークでもなければ、普通にイメージするエンジンでもなかった。

なにしろマルクス初号車のエンジンは全高が人の背丈ほどあった。なぜ、そんなに異様に背が高かったのか。それはエンジンの構造よりも以前の、システムの問題ゆえだった。

そのエンジンは単気筒である。だが、普通の単気筒ではない。

まず、シリンダーヘッドを下に向けて上下逆さまに置いたところを想像してほしい。シリンダーの中を上下に滑るピストンからは、上に向かってコンロッドが伸びている。ただし、コンロッドは普通のエンジンのようにピストンピンを介して振れるようには取り付けられておらず、ピストンに固定される。言わば、水鉄砲と同じような機構であり、それを把手を上に向けて立てて置いた形である。

そして、把手にあたるコンロッドは、気筒を出てから上に長く伸びて、その先端が大きな錘に差し込まれている。

さらに、錘から斜め下に向かって長い腕が伸びて、これが車輪の腕木に結ばれる。駆動方式としては1輪車や幼児向け3輪車と同じだ。1輪車や3輪車はペダルが車輪に直接取り付けられていて、ペダルを脚で漕ぐと車輪が回る。その脚の代わりを、錘から伸びた長い腕がやっているわけだ。

肝心のエンジン本体のほうは、どうやって出力を発生しているのか。

逆さまになった気筒の最下部には、片側に混合気の流入口が開き、もう片側には排気口が開く。混合気に点火すると、その燃焼圧力でピストンが上に向かって押し上げられる。そして上がり切ったときは既に圧力は使い切っており、今度はコンロッド上方の錘の重さによってピストンが下がる。下がってきたら適当なところで排気口を開いて排ガスを追い出す。車輪の回転慣性によってまたピストンが持ち上げられ始めたら、吸気口を開いて混合気を吸い込む。吸い込む途中の行程3分の1あたりのところで点火して燃焼を起こす。こういう段取りでエンジンは回っている。

ということは、所謂圧縮行程がなく、吸入行程と燃焼行程が一緒になる。我々が知っている2ストロークにはちゃんと圧縮行程があり、吸入行程とそれが同時に行われる。そして燃焼行程と排気行程が同時に起きる。つまり、マルクスのエンジンは、ストロークは4でなく2なのだが、厳密な意味での2ストロークではないのである。

また、マルクス初号車のエンジンには圧縮行程がないので、混合気は大気圧以上にはならず、あえて圧縮比を示すなら1：1ということになる。またピストンが上がりながら燃焼が起きるので、その燃焼エネルギーを出力として取り出す際の効率もよくない。

それゆえ、このエンジンは、如何に150年前とはいえ、呆れるほどの低性能だった。

マルクスが生まれたマルヒンの街の博物館には、この初号車のレプリカが展示されているそうで、そのエンジンの大まかな仕様が分かっている。ボアは100㎜ほどもあり、ストロークはなにしろ2m近い背丈のエンジンだから著しく長大で、排気量は3.2ℓから4ℓもあるらしいのだ。にもかかわらず、その最高出力は0.5hpほどと推定されている。ダイムラーの初2輪車のエンジンは単気筒264ccで0.5hpだったから、効率はそれの15分の1ほどということになる。

ちなみにマルクス初号車のエンジンは、その最高出力の発生回転数は100rpmと200rpmの間くらいだったらしい。この数字から車速を概算すると15km／hほどだという。こちらはベンツ初号車と同じである。

このエンジンを、マルクスは平台に4つの車輪を取り付けたような、言わば台車の親分みたいな木製のきわめて原始的なシャシーに載せた。そのスペックは以下のとおり。

全長2370×全高2260㎜。ホイールベース1420㎜。前輪直径580㎜。後輪直径840㎜。

言い添えれば、件のエンジンは積載能力を目一杯に取るために、リアオーバーハングに置かれていた。史上初の自動車はRRだったのだ。しかもウルトラ高重心。自動車は最悪の重量配分で始まったのである。

さて、これだけであれば、マルクスのほうが先だったにしても、クルマとしての出来に疑問符が付くから、それに比べて最初から真っ当なものに仕上がっていたベンツやダイムラーのほうを自動車の嚆矢に推すのも已む無しという気持ちになりかねない。

しかし、実はマルクスは二の矢を放っていた。１８７５年に2号試作を作るのである。しかも、そのエンジンは、ずっとコンパクトな単気筒を水平配置したものだった。そして変則2ストロークではなく本格4ストロークだった。

この2号車の解説をする前に、自動車工学の黎明期の歴史をおさらいしておこう。

１６８０年　クリスティアーン・ホイヘンス［蘭］が上下動するピストンで受圧する熱機関を発案

１７０５年　トマス・ニューコメン［英］が円形内面シリンダーと円形ピストンを発明して蒸気エンジンに使用

１７８０年　ジェームズ・ピカード［英］がクランクシャフトとコネクティングロッドによって疑似直線運動を回転運動に置き換える仕組みを考案

１７９４年　ロバート・ストリート［英］が空気とガソリンの混合気を気筒内で燃やして動力を

発生する機械を考案して国内特許を取得

1799年　フィリップ・ルボン・ダンベルサン［仏］が圧縮ガスに点火して動力を得る2ストローク機関を考案

1823年　サミュエル・ブラウン［英］がホイヘンスの理論に基づいてガスを爆発させて真空を作り、これと大気との圧力差でのエネルギーをクランクとコンロッドで取り出すガス機関の実働品を製作

1824年　ニコラ・レオナール・サディ・カルノー［仏］がのちにカルノー・サイクルと呼ばれる熱力学の基礎理論を著書で発表

1838年　ウィリアム・バーネット［英］が混合気を圧縮し、これに点火する内燃機関のシステムを考案

1847年　ジョン・ラムスボトム［英］が張力でシーリングするピストンリングを発明

1857年　エウジェニオ・バルザンティとフェリーチェ・マテウッチ［伊］が燃焼圧と重力でピストンを上下させる2サイクルのフリーピストン機関を考案

1860年　ジャン＝ジョゼフ・エティエンヌ・ルノアール［仏］が混合気を圧縮し、これに点火して燃焼エネルギーを発生させる内燃機関の実働品を製作

1861年　アルフォンス・ボー・ド・ロシャ［仏］が4サイクルエンジン理論を完成
1876年　ニコラウス・アウグスト・オットー［独］が4サイクルガソリンエンジンの実働品を製作
1878年　ジョージ・セルデン［米］が内燃機を動力として走る乗り物のシステムの特許を出願
1883年　ゴットリープ・ダイムラー［独］が4サイクルガソリンエンジン実働品を製作
1884年　エドゥアール・ドラマール＝ドブットヴィーユ［仏］が4ストロークガソリンエンジンで走る4輪車を製作して特許を取得
1886年　カール・ベンツ［独］が4ストロークガソリンエンジンで走る3輪車を製作して特許を取得

こうして見てくると、ガソリンエンジンと、それを使った自動車の成立は、突出したひとりの天才がその天才によって独創的に成し得た成果なのではなく、先進各国で同時多発的に起きていたことが分かる。社会的にそこに必要があり、これに対してまず理論が構築され、それを成立させるための要素としての細かな技術ができあがり、条件が整い始める。こうなれば、どこかで誰かが最終目標を達成してもおかしくない。各国でほぼ時期を揃えて4ストロークガソリンエンジンが完成し、これを動力として走るクルマが一斉に発芽したのは、言わば必然の事象ではあった。全体を俯瞰すればそういう同時多発に映る構図の中で、ジークフリート・ザムエル・マルクスは自動車を作ったわけである。

その試作第2号車は、今度は梯子状のフレームの上に前2人掛け、後ろ2人掛けの計4名分のベンチシートを載せた、初号試作よりずっと文化的に進歩したシャシーで作られた。そしてエンジンは、本格的な4ストローク単気筒になっていた。しかも茶筒ほどのコンパクトな大きさに収まり、それゆえに後席の下に水平に横置きすることができた。ただしクラッチはなし。ピストンピンを介してピストンに結ばれるコンロッドから先に、さらに3本の連棹が繋がって、最終的にベルトで後輪を回す直結駆動である。

ちなみに、この時期にエンジン成立に向けての障壁になっていたのが、ほどよい混合気を作るキャブレターだった。フロートとベンチュリーを備える近代的なそれは1888年の英国人バトラーの発明を待たねばならず、ベンツやダイムラーの初号車もガソリン溜まりの表面から自然に気化させるという原始的で貴方任せな仕掛けを使うしかなかった。

しかし、マルクスはそれよりずっと進んだ気化器もまた発明して第2号車に装備していた。高速回転するブラシにガソリンを吹き付けて、細粒状に飛び散らせて、それを吸い込む機構である。

マルクスのこの試作第2号車は、半世紀以上を生き延びて1950年にレストアされてウィーン技術博物館に展示されているが、そのレストア時の検証によると、スペックはこのようになっている。

ホイールベースは1990㎜と先代チンクェチェントやMCCスマートよりも長く、全幅は1590㎜でトレッドは前が810㎜、後ろは1030㎜。重量は476㎏とこれもチンクェチェント並みだったという。

その車体に対してエンジンは排気量1570㏄で、最高出力0・76hp/500rpm。レストア後にこの第2号車はウィーンの街中を走ったが、そのときの最高速は12・4㎞/hだったそうだ。これなら、機構的にも性能的にもベンツ車やダイムラー車に負けていない。

さて、これまで正史から弾き出されていたこの試作2号車を、先の年表にスーパーインポーズしてみよう。

実は、第2号車の完成時期には、いくつかの説があり、ASMEでは1875年説を採っている。

だとすればアメリカ人セルデンの自動車構想よりも早い。このセルデンはパテント使用料で大儲けを企んで、その工学的先見の明を汚す次第になったのだが、その彼よりも早いことになる。それだけでなく、原動機は4ストロークガソリンエンジンの実働品だったわけで、オットーの完成よりも早かったことになるのだ。

となるとオットーが4サイクルガソリンエンジンを最初に作り上げたという誰もが信じている史実が覆されてしまうわけだが、ASMEのサイトにはもっと驚く説も載っている。クリスティアン・ライトマンというオーストリア人が1873年に世界初の4ストロークガソリンエンジンを作っていたというのだ。

これ対して、ウィーン技術博物館は1877年に試作車が完成したという説を掲げる。それでも依然として世界初である。

一方で、オーストリアのマルクス研究サイトは、エンジンが1888年に仕上がり、車輌が1889年に完成したという説を採用している。Marky, Bromovsky & Schulzという会社にエンジンを委託生産するようになってからマルクス第2号車は市販段階に入った。こちらの時点をマルクス第2号車の完成としているのだ。

となると、フランス勢が主張するように、世界初の自動車は、1884年のドブットヴィーユ車だということになり、マルクス2号車はベンツ車にも3年遅れたことになる。

だが、最後の説を採用したとしても、マルクスは〈4サイクルガソリンエンジンを積む自動車〉の製作に後れを取っただけで、〈ガソリンエンジンを積む自動車〉での世界初は揺るがないのである。冒頭で、世界初はベンツでなくマルクスだとしながら、話は簡単じゃないと書いたのは、こういうヤヤコシイ話があるからなのだ。


そんな先駆者ジークフリート・ザムエル・マルクスは、ウィーンでその年に行われた博覧会に第2号車を出品するが、それ以降はこのクルマを進化発展させることはなく、依然としてふたりの助手とともに研究と発明に明け暮れて過ごし、自動車を自ら量産してメーカーになろうとする方向には走らなかった。その意味ではフランスのエドゥアール・ドラマール＝ドブットヴィーユと同じ志向性である。そしてマルクスは1898年7月1日に世を去った。

かたやベンツとダイムラーは、後援者の意思もあって自動車メーカーへの道を歩み、メーカーとしての成長とともに自らの才能を自動車の進化に寄与させ続けた。自動車技術者としてのスケールと実績の点で、マルクス以上にふたりが光を浴びるのは当然ではある。

そして、ベンツとダイムラーは1926年に合併すると、政権を奪取したアドルフ・ヒトラー率いるナチ党への接近を図り、膨大な軍需を請け負って規模を拡大していった。その陰で、1938年にドイツと併合されたオーストリアの発明家による実績はナチスの手で抹殺された。以降、ナチス・ドイツが書き換えたままの史実が正史として敷衍されて、ダイムラー・ベンツは自動車の生みの親として崇められてきた。ジークフリート・ザムエル・マルクスのことが知られるようになってきたのは、ごく最近のことなのだ。

以上が史上初の自動車用単気筒エンジン成立に関する真相である。ここまでに16ページを費やしてしまった。鼻先にW12をぶら下げるベントレー・コンチネンタルGTもかくやのヘッドへビーである。しかし、その真の史実が、もっと世に知られることをおれは願ってやまないのだ。これは称賛されることもないままひっそりとウィーンの地に眠る彼に捧げるささやかな供養の印である。堪忍いただきたい。

□単気筒から複気筒へ

そんなわけで、史上初の自動車エンジンは、1886年にカール・ベンツが製作した水平配置の

4サイクル単気筒954ccではなく、ジークフリート・ザムエル・マルクスが1870年に完成した2ストロークのフリーピストンエンジンであるということにして話を進める。

19世紀末に、先進各国で単気筒エンジンが車載で機能することが分かり、自動車という乗り物があちこちで同時多発的に生まれるようになった。そうなると、どうせ走るならもっと速くという欲望が発生する。なにしろベンツが史上初自動車を作った翌年の1887年に、人類は史上初めてレースをしているのだ。日時は4月28日、場所はパリ。勝ったのはド・ディオン・ブートン社の設立者だったジョルジュ・ブートンだそうだ。人類は120年以上前から「俺のが速えに決まってんだろ」「ざけんな俺だ」とかやっていたわけである。

「どっちが速い」という話が出れば、「もっと馬力が欲しい」ということになるのは当然だ。お客がそう言うだけじゃない。技術者自身が「もっと速えの」の亡者であった。

では、どうするか。馬力を上げるには排気量アップは当然の帰結である。しかし、このころのエンジンのボア径は70㎜、ストロークは100㎜くらいが関の山。これを拡大してうまくいくかどうか。なにせエンジンはオギャーと生まれたばかりで、よちよち歩きがせいぜいというところなのだ。

ならば、とりあえずなんとか回って馬力を出しているシリンダーの、数のほうを増やしちまうのが早道だ。そんな話になったのに違いない。

こうして2気筒が生まれた。作ったのはダイムラー。史上初レースの翌年の1888年のことだった。

ただし2気筒といっても、直列2気筒ではない。直列2気筒だと、クランクシャフトの形を変える必要がある。それまで腕が1本の1ピン式だった形のクランク形状を、2ピン式にしなくちゃならない。難しい。単気筒のクランクの形は変えたくない。

そこでダイムラーはずいぶん乱暴なことをやった。片方のコンロッドのビッグエンドの肩の部分に小さな軸を設けて、もう片方のコンロッドの足をそこに取り付けたのだ。言ってみれば、ひとつの気筒にもうひとつの気筒を無理矢理くくりつけた格好である。こうして親子コンロッド方式でV型2気筒が完成した。

そのバンク角は17度。ボア×ストロークは60×100㎜で、総排気量は565cc。最高出力は1.5hp／700rpmだった。最初に彼が作った単気筒は、70×120㎜の462ccで1.1hpだったから、単純に最高出力が増えただけじゃなく、排気量あたり馬力も上がっている。自慢のV型

2気筒をダイムラーは翌年のパリ万国博に出品した。

飽くなき追求をするゴットリープ・ダイムラーである。ドイツ人なのである。だから、如何にも無理矢理感のある親子コンロッド方式V型2気筒に満足せず、ちゃんとした直列2気筒も開発した。ただし、4年後の1892年になってしまったけれど。

『午前零時の自動車評論2』のフィアット500ツインエアの項でも触れたが、直列2気筒にはふたつのクランク形式がある。揺腕（クランクアーム）が同じほうに伸びる360度位相のものと、反対向きに突き出す180度位相のものだ。ダイムラーが作った直列2気筒は、クランクが単気筒と同じような恰好で済む前者であった。その直2のボア×ストロークは、それぞれV型2気筒よりも少し大きめな67×108㎜で、総排気量は760cc。最高出力は2hp／700rpmだった。おお、排気量あたり馬力は減っている。

ところでダイムラーは180度位相のクランクも試作したらしい。しかし、当然ながら振動が凄かった。そこで彼はシリンダーのほうの設計に手を加えることにした。シリンダーを隣どうしに並べるのではなく、片方をクランクの反対側に置いたのだ。つまり水平対向2気筒である。

完成は、さらに下って1896年。ボア×ストロークは直2と同じだったが、しかし最高出力は少し下がって1.8hpだった。

□3は分かれ道

2とくれば3である。3気筒はいつ姿を現したのか。

資料上に初めて登場する3気筒は、実はダイムラーの史上初自動車よりも古い。前項で触れたように、1878年にジョージ・セルデンという男が自動車を考案して翌79年にフィラデルフィア万国博に展示し、特許申請もした。その車輛に積む計画だと謳われていたのが3気筒なのだ。

しかし、その3気筒はアメリカ人ジョージ・ブレイトンが1872年に特許を取得した、与圧空気をシリンダー内で点火する、所謂ブレイトン・システムを使ったものとされていた。つまりオットー・サイクルではない。おまけに既述のように、セルデンという人物は、のちにフォードなどの出現によって自動車が普及したところで、自分の特許を持ち出して一攫千金を狙ったらしく、何かアヤシさ満点だ。

もっとまっとうそうな話で、まっとうに4ストロークで回る3気筒のほうに行ってしまおう。

そういう3気筒は、1890年代になってド・ディオン・ブートンやドライエなどで試作されるのだが、最も有名なのは1905年にロールス・ロイスが作った3気筒だ。

その前年末に、ロイス技師と金満走り屋ロールズは手を結んで会社を立ち上げることになり、後ろ盾ができて喜んだロイス技師は、それまでの2気筒10hpユニットをベースに、多気筒ユニットの開発に入る。

開発方法は、今で言うモジュラー設計だった。彼は2気筒×2で直4（20hp）、×3で直6（30hp）を企画。そして×1.5で3気筒（15hp）も作ったのだ。言い添えておくと、×1.5とはいえ、そこは謹厳実直を絵に書いたようなロイス技師。クランクは2気筒式で押し切る無茶をするのではなく、きちんと120度位相で3つの揺腕が突き出す形にされていた。

そして、彼はこの3気筒×2で直6を作る。それがあの名車シルバーゴーストのエンジンとなったのである。

だが、直3はあまり広まらなかった。この気筒配列だと振動が大きいことは、軽自動車やヴィッツの最廉価グレードに乗ったことがあればすぐ理解できる。現代でもあれだけうるさいのだ。物理的なセオリーから不可避に発生するあの振動を止める手立ては100年以上前にはなかっただろう。だからこそ、高級車を志したロールス・ロイスは、すぐに直3をふたつ合体させて直6を作って完全バランスを獲得したのだ。

さて、2が3になったこのとき、実は道はふたつに分かれた。

ひとつは右記のロールス・ロイスのように、直2に1気筒を足す道。直列3気筒という道である。いまひとつは、V型2気筒に1気筒を足す形だ。

ダイムラー式のV2は、主コンロッドに副コンロッドが取り付く形。もうひとつ副コンロッドを取り付ければ3気筒になる。その3気筒は狭い相互角で並べてV+Vのような形のW型にしてもいいが、120度ずつの相互角を持ったY型にしてもいい。クランク軸方向から眺めると、3方向にシリンダーが突き出すその形は星に見える。そう。星型の登場である。

という具合に、如何にも見てきたように書いたが、それはおれの妄想である。なぜなら、如何にも美しく響くその星型というレイアウトが初めて地上に姿を現したのは1887年、つまりベンツの史上初自動車の翌年だったからだ。

この年、豪州の航空学者ローレンス・ハーグレイヴが圧搾空気を供給して運転する星型3気筒を製作した。羽ばたきで飛ぶ飛行機の模型用に彼はこの星型エンジンを作った。しかも、その星型は、クランクが固定されて、クランクケースとそこから突き出す3本のシリンダーのほうが回るのである。回るからフライホイールがなくても安定するし、回るから強制的に冷やされ、わざわざ水冷しなくともよくなった。この形式を、正しくは星型ロータリーと呼ぶ。

古臭いそんな圧搾空気エンジンでなく、ナウな技術のオットー・サイクルエンジンで、しかも自動車用となると、初お目見えは1894年となる。ステファン・バルツァーというアメリカの元時計技師がそれを作った。彼は星型3気筒を、クランクがアクスルと平行になるような向きで後輪の前に置いた。そしてクランクを固定してクランクケースとそこから突き出す3本のシリンダーのほうが回るようにした。つまりこれも星型ロータリーである。

そしてこのクランクケースの回転力を、同じく横向きに並べた複数の平ギアの変速機と最終減速段を介して後輪に伝えた。すなわち横置き星型ミドシップ後輪駆動である。ダンテ・ジアコーサもジャンパオロ・ダラーラもびっくりだ。

このバルツァーの空冷星型ロータリー3気筒は、1900年になって彼の開発に協力していたチャールズ・M．マンリーの手によって水冷固定星型に改良された。そして、ライト兄弟と世界初飛行を争ったサミュエル・P．ラングレー教授の飛行機に積まれることになった。

以降、星型エンジンは、その搭載性ゆえ自動車ではなく飛行機の世界に足場を移し、気筒数をどんどん増やして、しまいには2重星型や4重星型まで登場して、第二次大戦のレシプロ機の黄金時代を形成していく。やはり星は空を目指したのだ——。

□4気筒は2段階で完成した

夜空に光る星々から視点を地上に下ろして、話を自動車のほうに戻そう。

フレデリック・ヘンリー・ロイス技師は、直列2気筒をふたつ合体させて直列4気筒を作ったが、こんな簡単な足し算はロイス技師でなくともできる。だから直列4気筒はすぐに登場した。最初に完成させたと伝えられているのはダイムラーである。その時期は1890年。ということはダイムラーが直列2気筒車を販売開始するよりも2年早い。ただし、その1890年はユニット単体としての完成時期らしく、熟成されて市販投入されるのは１９０１年になる。

　ここで注意しておかねばならないのは、このダイムラーの史上初の直４が、今の直４と違うことである。

　ダイムラーの直４は、発想そのままにクランクシャフトも直列２気筒×２であった。彼の直２は、ひとつの揺腕にふたつのコンロッドが並んで取りつく３６０度位相のクランクだった。そのクランクを、揺腕が互いに反対を向くように、つまり１８０度位相で連結したのだ。

　これだと、１番シリンダーが上死点のとき、２番シリンダーも上死点で、３番と４番は並んで下死点となる。

　一方、現在の直４は、１番シリンダーが上死点だと、２番と３番が下死点で、４番が上死点というクランク形状になる。そのほうが振動は圧倒的に少ない。ゆえにダイムラーは、途中からこちらのほうに切り替えた。実は１９０１年の市販車に搭載された直４は、クランク形式を現代的に進化させたものだったのだ。


　という風にドイツ人が謳いあげると黙っていられないのがフランス人で、古い資料を引っ張り出して、「いや待たんか」とフランス語で声高に抗議する。ダイムラーが最初の直４を完成させた1890年に、フランス人フェルナン・フォレストが直4を完成させて、特許を取得していると主張するのだ。

このフォレストという人は、フランス人が意地で古文書から掘り起こしただけの一発屋的発明家ではない。例えば、その2年前にはフランスにおける直6と星型ロータリー8気筒の特許を取得しているし、翌91年には吸排気弁の機械駆動システムを完成させ、1907年には自動変速機の特許も承認された。その発明が量産市販に結びつかなかったために忘れられてしまったが、なかなか才能豊かな発明家だったようなのだ。ただし、彼が1890年に特許を取った直4は、ダイムラーの初号機と同じく、2気筒360度クランク×2の構成だった。

□直6よりも早かったV8

そもそも、古臭いエンジンを後生大事に使ってきた第二次大戦後のフランス車のイメージで見るからいけないのだ。19世紀終盤から20世紀前半にかけてのフランスは、それまでの覇者イギリスに取って代わって、国力も技術も世界のトップを行く一流国だったのだ。

4気筒は直列だけではない。のちにランチアが、そして戦後は欧州フォードがものにしてみせたV型4気筒というレイアウトだってある。そして、そのV4を、史上初めて作ったのはフランス人だったのだ。1897年にモール社のアンリ・ブラジエ技師がV型4気筒を実用化してグランプリ用マシンに搭載したのである。

そしてまた、V8を完成させたのもフランス人だった。フランスが先陣を切ったV4をふたつ組み合わせて、クレマン・アニエス・アデールが、1903年のレース用車輌に載せるべく数基を試作したのだ。しかし、本命は別にいた。同じ年に同じフランスでレオン・ルヴァヴァスールが、こちらは直4を挟み角90度で組み合わせてV8を完成させたのである。

彼のV8は、ただの研究試作品ではなく、立派な実働品で、彼自ら設立したアントワネット社で量産され、船舶や航空機に重用された。信頼性が抜群だったからだ。

なのに、その設計を検分してみると、要素技術は守旧的どころか先進的だった。

クランクケースやヘッドはアルミ鋳物の切削加工品で、鋳鉄シリンダーに銅製のウォータージャケットを被せて蒸気冷却する。また排気量3.2ℓながら自重は150kg弱という軽量設計である。

さらにはコンロッドの設計が尖鋭的だった。

先述のように、ダイムラーのV型2気筒は親子コンロッド方式を用いていた。それがV型エンジンにおける当時の主流技術だったにもかかわらず、ルヴァヴァスールは敢然とサイド・バイ・サイド方式、すなわち対向するシリンダーのコンロッドがひとつのクランクピンに結ばれる設計を採ったのである。こちらの設計だと、エンジンもクランクがコンロッドの厚みのぶん長くなるが、サブになるコンロッドの細い取り付け軸の容量不足などの心配をせずに済むし、親子2種類のコンロッドを用意する必要がなくて製造コスト的にも楽になる。近代的で合理的なのはこちらのほうなのだ。

にもかかわらずサイド・バイ・サイド式はすぐには主流にならなかった。フォーク&ブレード式という別のソリューションが生まれて主流になったからだ。これは、片方の気筒のコンロッドは一般的な形状のものを使うが、対向する気筒のそれは、ビッグエンド部が相手のコンロッドのビッグエンドを跨いで挟み込むように二股にされている形式である。このフォーク&ブレード方式や親子コンロッド方式は、第二次大戦あたりまで残る。そんな中でルヴァヴァスールV8はひと足もふた足も先に技術的洗練を遂げていたのだ。

また、以降のこのV8の進化にまで目を配れば、もっと驚くことがある。燃料供給だ。初期の船舶用はキャブレターだが、1907年の航空機用は筒内直噴を採用しているのである。そういえばフェラーリは、カリフォルニアと458イタリアで、漸くV8を直噴化した。フランスに、ルヴァヴァスールに100年遅れたわけだ、

ところでフェラーリV8と言えば、そのクランクは90度位相のダブルプレーンでなく、180度位相のシングルプレーンである。シングルプレーンV8とは何のことかという話は、『午前零時の自動車評論1』で書いたから詳細は省くが、要するにそれは（近代的）直4と同じクランク形式で、対向するシリンダーのコンロッドはひとつのピンに取り付く。のちにキャデラックが振動面で優れる90度位相ダブルプレーン方式のV8を送り出して、以降の乗用車用V8は軒並みそちらの方式となるのだが、それ以前のV8は皆シングルプレーンであり、そしてシングルプレーンは吸排気の干渉が少ないためにパワーを出しやすく、現在もレース用のV8はF1も含めて皆こちらである。そしてアントワネットも、時代からいって、もちろんシングルプレーンだった。

一気にシリンダーを増やして大排気量化をものにしたアントワネットV8は、この時点で世界一の高性能ユニットとなり、すぐにフランスを筆頭に多くの追従者を生み出すことになった。

例えば、1905年にはダラックが、1909年にはルノーが、1910年にはド・ディオン・

ブートンがＶ８を完成させる。自動車用の量産ユニットとしては、このド・ディオン・ブートン製が最初と言っていい。先端技術によって陸海空をフランスが制覇する勢いである。

イギリスでは、２気筒の掛け算で着実に事を進めていたロールス・ロイスがＶ８に辿り着き、１９０５年にレガリミットなる3.5ℓ級の試作をしたが、初号機を完成させたところで放棄した。イギリスでＶ８が作られるようになるのは１９１０年代に入ってのこと。ウーズレイやサンビームが開発に成功してからである。

アメリカでもカーティスが生産に入った。そして１９１５年にはキャデラックがＶ８を搭載し、〈アメリカの高級車はＶ８〉というテーゼはここに基点を記して始まることになった。

さて、本来であれば、４気筒の次に現れて然るべきは６気筒である。６気筒はどうなっていたのか。

もちろん挑戦は行われていた。１９０３年にフランスのルーエが直６を試作した記録が残っているし、オランダではフルタイム４ＷＤ（!!）駆動系に５ℓ直６を組み合わせるという超前衛的なスパイカーが１９０２年末に開催されたパリ・モーターショーで公開されており、ドイツでも同じころにデュルコップが直６搭載車を数台製造したとされている。

しかし、それら直６は成功したユニットにはならなかった。問題があったからだ。長いクランクシャフトのねじり振動が完全には解決されていなかったのだ。Ｖ８に先を越されたのはそれが原因だった。

この技術的な壁を乗り越えて直６の量産に成功したのは１９０４年のネイピアである。ロールス・ロイスも、１９０４年に直６を積んだ市販車をリリースして、そのクランクの剛性問題に悩むが、２年後には解決に漕ぎつけて希代の名車シルバーゴーストの搭載ユニットとして名を上げた。以降の戦前のロールス・ロイスの主力ユニットは直列６気筒となっていく。このあたりを突破口として、直６は各国で市販投入されていくのである。

ここで皆さんは気がついて疑問を口にするかもしれない。Ｖ６はどうしたと。

確かに直２からＶ４を作ったように、直３をふたつ組み合わせればＶ６ができる。しかし、そこに点火間隔の問題があった。

4ストロークエンジンはクランクが2回転（720度）回ったときに吸入→圧縮→膨張→排気の4つのサイクルが完了する。だからV型8気筒なら720度÷8で90度にバンク角を設定すれば等間隔着火が実現できる。しかしV型6気筒は720度÷6で120度だから120度バンクにしたい。とは言っても、そんな広いバンク角を採ったらクルマに積みにくくてしょうがない。といって、積みやすい狭いバンク角だと不等間隔着火となって振動問題が襲ってくる。

このジレンマが根本的に解決されるのは、実は20世紀後半に入ってからである。1950年にランチアが、対向するシリンダーのコンロッドが取り付くピンを共用できる直3と同じ120度位相クランクでなく、ピンを60度ズラして60度位相の6ピン式クランクとしてこれをブレイクスルーし、60度バンクの等間隔着火を実現したのだ。

だが100年前は、そんな発想も、そんなクランクを作る生産技術もない。しかし、敢然と挑戦する者はいた。1911年に、ドライエが3ピン式クランクでV6を作って市販投入したのだ。バンク角はリクツが指し示す120度を4分の1にした30度。当然ながら不等間隔着火で、それによる振動は少なくなかっただろう。だが、この勇気ある選択をしたユニットは世界初のV6という栄誉を得ることにはなった。

というわけで、V型の技術が育ち、かつ直6が一応完成して恙なく回るとなれば、直6をふたつ合わせてV12という道にあかりが灯る。いよいよ話はV12に進んでいくのである。

□王の誕生

12気筒エンジンの嚆矢が何だったかについては諸説あって定かではない。手持ちの資料の中で最も古い年代が記されているものだと、ジョン・D.マクスウェルという人が1903年に製作した競技用フラット12。これはヤン・P.ノーバイが自著『Complete Handbook of Automotive Power Trains』で触れている。

だが、史実として確かに残されている世界初のV12は1904年にイギリスで作られたものである。

そのV12は1902年にエンジン製造に乗り出したプットニー・モーター・ワークスという会社が製作した。設計したのは同社の中核だったアリステア・エドワード・ステュアート・クレイグとゴットフリート・ルドヴィッヒ・ドルヴァルトの両技師。排気量は1万8345cc(ボア

123・8×ストローク127㎜）で、動弁系はバンク間にカムシャフトを置くOHV。重量は430kgで、最高出力は100hpほどだったという。バンク角は理路を辿ればそうなるはずの60度ではなく90度だった。

この史上初V12エンジンは、革命直前の帝政ロシアから飛行船の動力源として引き合いがあったが、着手金未払いのために話は流れ、英国海軍のメイ提督が製作しようとしていたレース用モーターボートに搭載されて日の目を見ることになった。ボッシュ製のプラグやマグネトーを装備して信頼性を確保した最終仕様は155hp／1000rpmを達成したという。

驚いたことに、同社はAlisa Craig Marine Motorsという名で現在も存続している。

大排気量を可能にする――ということは大馬力を可能にする――V12という気筒配列を待っていたのは船舶だけではなかった。ライト兄弟やサントス・デュモンによってついに大空に舞い上がった飛行機も同じだった。

これに応えたのが、第一次大戦あたりまでは技術先進国として輝きを放ってみせたフランスだった。ルノーが、空冷90度V8を完成させた1908年の翌年に、これをベースとしたV12

の設計に着手するのである。そのV12は、やはり空冷で、バンク角は60度のOHV、排気量は1万2160ccで最高出力138hpを記録し、モーリス・ファルマンやブレゲの複葉機に積まれて第一次大戦を闘った。

英国勢も負けていない。1909年にRAF（Royal Aircraft Company）のマーヴィン・オゴーマン主任技師が1万3195ccのV12を製作して140hpを出している。

続いて若干25歳の若き天才技術者グランヴィル・ブラッドショウ擁するABC（All Britsh Company）が1912年に1万7375ccのV12を作って追走する。

しかし、この時期のイギリスでV12に最も積極的に挑戦したのはサンビームだった。

同社の技術部門を率いたのはフランスから渡ってきた技術者ルイ・コータレン。彼は1913年に80×150mmのシリンダーを持つ水冷V8を完成させると、抜く手も見せずに同じボア×ストロークの9ℓ60度V12を設計して200hpを叩き出す。そして3年の間にそのボアを90mm、そして100mmに拡大して240hpまで出力を上げた。

これらのV12は未だサイドバルブだったたが、コータレンは1916年に一気に動弁系をDOHC4バルブへ進化させる。その4年前の1912年に、プジョーのエルネスト・アンリ技師がグランプリマシン用の直4でその動弁系を発案して、ヘッド設計の新時代を切り拓いていたのだ。

このDOHC4バルブ動弁系をV12に適用して、コータレンは11・5ℓ／12・3ℓ／15・4ℓと3種のV12を作り出した。馬力は200hpから始まって最終的には300hpに達していた。

航空機用の英国製V12と言えばロールス・ロイスがすぐ頭に浮かぶ。だが、こちらは少し遅れて1915年の登場であった。出発点は60度バンク水冷20ℓSOHCで240hpを出した〝イーグル〟である。ここから〝ファルコン〟〝コンドル〟〝ケストレル〟〝バザード〟〝ゴスホーク〟を経て、かの有名な〝マーリン〟に至る英王の物語が始まった。〝マーリン〟はイギリスのみならず、第二次大戦時にはアメリカで製造され、P51単座戦闘機マスタングをはじめ多くの機に積まれて航空機用レシプロエンジンの頂点を記録することになるV12界屈指の名機である。彼らのV12は1929年の速度記録機用の〝R〟でリッターあたり70hpに迫る2530hpを絞り出してみせた。

1910年代中盤からのこうしたエンジン技術の急峻な発達は、1914年に勃発した第一次世界大戦の影響するところが大だった。戦争に勝利するために船舶も航空機も大馬力の高性能エンジンを必要としたのだ。

その第一次世界大戦に遅れて参加したアメリカ合衆国でもV12は作られた。米航空評議会が、パッカード社のジェシー・G．ヴィンセントとホール・スコット社のE．J．ホールという技術の責任者ふたりを召喚して、国家の名において大排気量V12の設計をさせたのだ。

こうして生まれたのがリバティL－12型V12だった。このユニットは、エンジン全幅を狭めるために45度という異例のバンク角で設計された27ℓSOHCで、450hpを発揮し、国の指導のもと各自動車メーカーで大量生産が行われて1918年までになんと2万基以上が製造されることになった。

その少し前にカーティスは、K－12型という18・8ℓのV12を完成させていたが、シリンダーとクランクケースが一体化したブロックをアルミ鋳造で作るという先進的な設計が裏目に出て、これを改良したD－12型が完成するのは1921年になってしまう。

第一次世界大戦で一敗地にまみれて臥薪嘗胆を誓ったドイツでは、1924年にV12が登場する。それはツェッペリン飛行船用のマイバッハ製ユニットだった。しかし、本命はやはりダイムラー・ベンツだ。彼らが設計したDB600型33・9ℓV型12気筒SOHC4バルブは、1935年に完成して1050hpを発揮する。このDB600型や直噴インジェクション版DB601型は日本でもライセンス生産されたが、鍛造クランクシャフトやローラーベアリングの製作や精度管理がネックになって満足な結果を生まなかった。日本は技術の底の浅さを思い知らされた。

この時期の航空機用V12のスペックを俯瞰するとこんな具合になる。排気量あたり馬力は、1910年代前半にリッターあたり10hpに漸く達したところだったが、1920年代に入るころにはリッターあたり10hp台後半に突入していく。航空機ユニットとしてそちらより重要なのは重量あたり馬力だが、これは10年代で0.5hp／kg内外で、それが20年代に入るころに1hp／kgになる。先述のように、動弁系はサイドバルブかOHVだったものがSOHCや果てはDOHC4バルブに一気に進んだ。戦争がそれを要求したのだ。

□自動車に初めて載ったV12

こうして航空機や船舶に積む大排気量ユニットでV12は珍しくなくなっていくわけだが、ここからが本題である。自動車に初めて載ったV12は何だったのか。

比較的知られているのはサンビームである。先述の9ℓ200hpユニットを6気筒車用のシャシーに載せた単座競技車が1913年にブルックランズでのレースを走っている。巨大なサンビームV12を強引に押し込んだクルマは、この後も数多く同類が出て、それらはレコードブレーカーとして自動車の速度記録の歴史に名を残していく。

では、本来は航空機用だったそういうものでなく、自動車専用に開発されたV12は何だったか。カール・ルドヴィクセン著『The V12 Engine』によると、それは1908年に作られたシェブラー車だという。

アメリカのキャブレター製作会社だったホイーラー＝シェブラー社の主任技師ジョージ・シェブラーは、1907年に気化器の設計だけに飽き足らず、社の技術者フィリップ・シュモールを誘って自動車を作ってみることとした。翌1908年に完成したそのボートテール型のロードスターに積まれていたのがV12だった。シェブラーV12は、バンク角が45度のサイドバルブ。ボア×ストロークは82・6×127㎜で排気量8157cc。これが世界初だとルドヴィクセンは明記している。

ただし、このシェブラー車は試作の域を出なかったようではある。史実に照らして明白に市販されたことが分かっている自動車で、歴史上初めてV12を載せたクルマとなると、もう少し時が要る。

それは１９１６年。同じくアメリカのパッカード・ツインシックス６９５０ccが嚆矢である。

このＶ12は、バンク角はセオリーどおりの60度で、アルミ製クランクケースと鋳鉄ブロックという構成。排気量は６９５０cc。ボア×ストロークは76・２×１２７㎜で、最高出力88hp／２６００ｒｐｍを出した。これが、恐らく市販車のために量産された初めてのＶ12である。

ちなみに、ここで使った量産という言葉は大げさではない。パッカード・ツインシックスは１９１６年に７７４０台を販売し、翌17年には８８９９台を売った。価格は２７００ドルから３７００ドル。このとき、大量生産システムを導入して廉価な大衆車の代名詞だったＴ型フォードは10分の１の３６０ドルでしかなかった。戦需による景気浮揚がそのままローリング・トゥエンティーズに繋がっていくアメリカで、まさに経済史上屈指のバブル期が始まろうとしていた。

そういう空気の中、アメリカでＶ12搭載車は次々と生まれてくる。同じ16年にはビュイックもウォルター・マール設計の8.2ℓＶ12を市販車に載せて送り出したし、直６が看板のハドソンも試作をしていた。

一方、欧州の自動車メーカーが本格的にＶ12へ手を出すのは１９２０年代に入ってからだった。

例えば、近代になってからはスーパーカーの記憶からV12のイメージが濃いイタリアだが、実際にはそうでもない。1910年代の後半になってランチアが航空機用に挟角バンクV12の試作から始めて、最後に22・5度バンクの6ℓに落とし込み、これを搭載する市販車を少量生産すると1919年のパリやロンドンのモーターショーでアナウンスしていたのだが、結局はお蔵入りとなってしまう。そんなわけで、乗用車用として最初に手がけたのは、やはり大会社フィアットということになった。技術部門責任者グイード・フォルナーカ指揮のもとカルロ・カヴァッツリ技師が1920年に6.8ℓの60度V12サイドバルブを設計し完成させて90hpを発揮させ、大型高級車ティーポ520スーパーフィアットに積んだのである。

面白いのは、フィアットにいたジュリオ・チェザーレ・カッパという技術者がトリノで興したイターラという会社。カッパは1926年に18ℓV12を発表したのち、自動車レース用になんと1.1ℓと1.5ℓという可愛らしい60度V12を作るのである。

第一次大戦に入るころまでは世界に冠たる技術大国だったフランスは、その栄光に少しずつ影が差し始める中、それでも輝きを放ってみせた。19世紀創業の老舗で航空機エンジンでも名を上げたロレーヌ・ディートリッヒが、1919年に6.5ℓV12搭載車をショーに展示した。これは市販投入されずに終わるが、代わりにヴォワザンが頑張る。1921年に30度バンクの7.2ℓを載せるＣ２を企画。そのＣ２は試作車に留まるのだが、１９２９年になって、こちらはバンク角を定石どおりの60度に設定した3.8ℓＶ12を仕立て、これを搭載する超豪華サルーンＣ19を発表した。ドラージュも10・５ℓの60度Ｖ12から２７５hpを絞り出して競技車輌に載せる。

ドーバーを渡ったイギリスでは、英国ダイムラーが１９２６年に7.1ℓＶ12を載せた超高級サルーンをリリースする。その名はダブルシックス。ジャガーの傘下に身を落としてバッジエンジニアリング車になってしまった20世紀の後半でも、これだけはと譲らなかった12気筒の独特な呼び名の起源は、ここであった。

□アメリカがリードした１９３０年代のＶ12

１９２９年10月にニューヨーク株式市場で大暴落があり、それが世界恐慌に発展していく。こうして迎えた灰色の１９３０年代にあって、それでも成長期のエネルギーに充ちるアメリカの自動車メーカーは攻めの手を緩めなかった。

まず先陣を切ったのはキャデラックだった。

高級車市場で競合するパッカードにV12で先を越されたGMキャデラック部門の首脳部は、その借りを利息つきで返すべく、V12はもちろん、それと設計要項を共有するV16も同時に作った。設計担当には数年前にV16を企画したマーモン社でそれのチームにいたことのあるオーエン・ミルトン・ナッカーを抜擢し、これに当たらせた。ナッカーはバンク角に45度を選択。そして7.4ℓのV16と6ℓV12を完成させる。動弁系はOHV。最高出力は165hpと135hpであった。

デューセンバーグとオーバーンの両高級ブランドを支配下に収めていた実業家エレット・ロバン・コードも負けず嫌いだった。同じころ、V16とV12を同時開発し、自らの名を冠したブランドでリリースせよとの指令を下す。キャデラックと同じくバンク角45度で設計が進められた両ユニットだが、V16のほうが試作に終わったのに対し、V12のほうは最終的に8ℓ200hpで完成する。しかも驚いたことに、そのBA型ユニットは、当時としてはかなり冒険的な選択だったFWDを採用するL－29に載せられることになった。ところが、そのL－29がトラブル続きで迷走。結局V12はオーバーンのほうのRWD車に搭載されて1932年市販投入という結末を迎える。

総帥ヘンリー・フォードI世の息子エドセルが指揮を執るリンカーンも、負けじとV12を開発した。1933年にバンク角67度で6.3ℓ125hpと6.8ℓ150hpの2種のV12を搭載したゼファーを送り出すのである。また、早川雪州の愛車だったことでも知られるピアスアローは、1933年にバンク角80度で6.5～7.6ℓまでの3種のV12を作って、1万ドルという目も眩む値札のシルバーアローに載せた。

かたやパッカードもヘッドをアルミ化するなどしてツインシックスを進化させ、ストロークを徐々に延長しながら排気量を上げていった。車名がツインシックスからトゥエルヴに変わった1933年には、最高出力は175hpにまで向上していた。

欧州はどうだったか。1931年に航空機ユニットでV12を看板にしていたイスパノ・スイザが9.4ℓ220hpの乗用車用V12を作ってJ12を送り出すような動きもあるにはあったが、アメリカで絢爛に展開するV12超高級車の洪水に欧州で対抗したのは、やはり英国勢だった。航空機ユニットではV12の帝王にならんとしていたロールス・ロイスが、1935年に7.3ℓ160hpの乗用車用V12を完成させ、これをファンタムⅢに搭載するのだ。また、W.O.ベントレーは37年に4.5ℓ180hpのV12を設計製作してこれをラゴンダに搭載した。横綱がふたり並んで新大陸の狂騒に胸を貸して受け止める構図である。

だが、この時期の欧州では、V12は乗用車の世界ではなく、レースの世界で輝いていたのだ。レースの世界は、ライバルとの競争であると同時に時間との競争である。じっくり新型エンジンを開発して熟成しているような暇はない。だから初めは、かなり乱暴な手口で12気筒が作られた。アルファロメオのヴィットリオ・ヤーノは実績ある6C1750の直列6気筒を縦にふたつ並べ、またトランスミッションもプロペラシャフトも2組置いて、6つのシリンダーが産む駆動力を左右それぞれの後輪に流し込んだ。ヴォワザンは、もっと奇想天外だった。直列6気筒を連結して直列12気筒を作ってしまったのだ。

そんな付け焼き刃でお茶を濁して用が済むはずもなく、アルファロメオは本式のV12を白紙から作ることになる。1936年のグランプリマシン用のティーポ12Cだ。設計は、ヤーノの監修のもとブルーノ・トレヴィザンが担当した。バンク角は定石どおり60度を選択し、4.1ℓに機械過給を施して370hpを出した。このティーポ12Cは翌年に4.5ℓの430hpへ進化するが、いずれにしてもレース結果には結びつかず、その責任を問われてヤーノは更迭されてしまう。

代わりに技術責任者の座に就いた若きジョアッキーノ・コロンボ技師が、このティーポ12Cを3ℓに縮小するがそれも駄目。その挙句、コロンボは直8を相互角60度で張り合わせて、ツインクランクのU型16気筒を作るという強引至極の挙に出る。もちろん、それも空振りに終わった。

数年前まで無敵を誇ったアルファロメオのグランプリ戦線が、なぜそこまで右往左往しなければならなかったかというと、原因は自らにあるのではなく、ドイツ陣営の勢いが凄まじかったからだ。

事の起こりは1933年の5月。その年に政権を取ったナチスの党首アドルフ・ヒトラーが観戦するドイツGPで、ベンツを筆頭にドイツ勢が惨敗した。これが発端になって、45万ライヒスマルクの活動援助金が拠出されることになり、ベンツとアウトウニオンがそれを受け取ることに決まった。資金は潤沢になったから、その面ではマシンは思う存分、作りやすい。しかし、援助金を受け取った以上、負けましたでは済まない。その両方のプレッシャーを背に、ベンツとアウトウニオンは猛烈な攻勢をグランプリにかけてきたのだ。今思えばアルファロメオにはツキがなかった。ベンツとアウトウニオンが送り出してきたマシンが歴史に残る傑作だったのだ。

ベンツは直8を積むマシンで1935年シーズンを制圧すると、36年と37年はアウトウニオンと勝利を分け合い、そして38年は新たに設計した60度バンクの3ℓV12から474hpを発生させて勝利を重ね、39年になると熟成させたこのV12マシンで圧勝した。

一方のアウトウニオンは、フェルディナント・ポルシェ博士が設計した有名なミドシップマシンで闘った。それは１９３７年仕様までは45度Ｖ16だが、38年にはＶＷの仕事で多忙となったポルシェ博士に取って代わったロベルト・エベラン・フォン・エーベルホルスト博士がＶ16は余りに無茶だと考えて３ℓ60度Ｖ12を新設計してこれを載せ、後ろが軽くなったマシンは課題だった操安性を向上させてベンツとつばぜり合いを演じた。

こんな風に１９３０年代後半はドイツの２強の時期であり、そこにアルファロメオが入り込む隙はなかったのだ。

付け加えておくなら、第二次世界大戦への突入でグランプリが中止になったあとの１９４０年、責任者ウィフレド・リカルトの監修のもとで1.5ℓのＶ12が生まれている。そのバンク角は１８０度。これをミドに置く軽量マシン、ティーポ５１２が試作された。

だが広がる戦火は、その実力を明らかにする暇を与えてはくれなかった。

□そして戦後

第二次大戦をくぐり抜けて、欧州は戦勝国だったイギリスを含めて疲弊しきっていた。それゆえV12を積んだ贅沢なクルマの需要は無きに等しかった。

また、技術的な状況も変わっていた。これまでになく機械力が勝負を分けることになった第二次大戦を経たおかげで、エンジン技術は実に目覚ましく向上していた。例えば、戦争の前にリッターあたり出力が25hp／ℓほどだったベンツやロールス・ロイスの航空用V12は、1942年頃には倍の50hp／ℓに届こうとしていた。過給という技術をものにしたことが大きかった。

さらにはレシプロエンジンは技術的な臨界点が見えてきて、代わりに発明されたガスタービンが、あちらを足元にも寄せ付けない段違いの出力をマークすることが分かり、先端技術を目指す領域の人々はそちらに目を奪われることになったことも効いた。V12は最強で至高の原動機ではなくなったのだ。

そんなガスタービンへの傾倒が著しかったのは、やはり戦勝国となったアメリカで、だからアメリカは自動車の原動機の未来はガスタービンにありという方向に突っ走ろうとしていた。世界で最も豊かな国でさえ、V12という声は高まってこなかったのだ。

しかしレースの世界は違った。近未来の夢でなく、今手にしている技術の究極を以て勝利を奪いにいかねばならないのがレースである。となればそれを闘うエンジンがＶ12となるのは必然だった。レース界では戦後すぐにＶ12が復活して、それを積んだマシンが走り出すのである。

その代表がフェラーリだった。戦前最後のアルファの単座レーシングマシンから受け継いだかのように、フェラーリは1.5ℓＶ12ユニットを擁してグランプリの世界に乗り込んできた。

名称がＦ１に変わった翌年の１９５１年、これに対抗するようにベンツが1.5ℓＶ12を作り出した。このときのＦ１のエンジン規定は、自然吸気4.5ℓ以下もしくは過給1.5ℓ以下。フェラーリやベンツは戦前から技術手法に馴染みがある後者を選んだのだ。

一方ＯＳＣＡやラゴンダは前者を選んだ。ちなみにラゴンダＶ12の設計者は、アウトウニオン最終年仕様のＶ12を担当したエーベルホルスト博士である。

ところがＦ１の規定が１９５４年に変わった。自然吸気2.5ℓ以下あるいは過給０・７５ℓ以下である。するとマセラティが2.5ℓＶ12を作ってきた。彼らは規定が１９６１年に自然吸気1.5ℓとまたもコロリと変わると、間髪を入れず1.5ℓＶ12を試作し始めた。その試作Ｖ12は横置きされることになった。その後ろ側に、これも横置きトランスミッションを並べるというパワートレイン配置だった。

同じことを偶然考えた東洋のメーカーがあった。ホンダだ。ホンダは、バイクのレイアウトを転写したような横置き1.5ℓV12横置きトランスミッションでF1マシンを開発し、1964年に欧州へ乗り込んできた。


ちょうどそのころ、複座マシンで争われるFIAメイクス選手権で、排気量3ℓ以上のプロトタイプ車輌がル・マンやデイトナなどの人気レースで暴れられる枠組みができあがってきた。このカテゴリーは、少し前までは少なくとも二桁以上の生産数が必要だったから、数が出ようもないV12の出番はなかったのだが、ワンオフでいいならば可能性が出てくる。するとアバルトがローラT70という英国製マシンに載せるべく、ルチアーノ・フォッキ技師の手になる6ℓで610hpのV12を製作してきた。

一方、3ℓ以下のカテゴリーには依然として世界選手権が懸かっていたし、1966年からはF1が自然吸気3ℓもしくは過給1.5ℓという規定に変わることが決まっていたから、3ℓ弱のV12が生きる目途も立った。そして、マセラティが、英国の技術研究所ウエスレイクが、フランスからはマトラが、まさにそれを狙った３ℓＶ12を製作した。ポルシェも空冷フラットエンジンを８気筒だけでなく12気筒で開発してきた。ちなみに、そのフラット８は水平対向だが、フラット12のほうは１８０度Ｖである。

ホンダもＦ１規定変更に合わせて３ℓ版のＶ12を新設計したが、同じころ日産もＶ12の世界にエントリーしてきた。ただし、こちらはＦＩＡメイクス選手権の規定とほぼ同じ日本ＧＰでの勝利を、そのＶ12を積んだ２座レーサーで目指すというもの。当初はその排気量が５ℓだったのに途中で６ℓになったのは、レースを始めた当初の野望が、ル・マンを含めたＦＩＡメイクス選手権へ参戦して世界と戦うことだったのに、規定の変更でその道が閉ざされてしまったからだった。

□変容したＶ12搭載車

そんな風にレース界が蛇行しながら歩んでいく間に、市販車の世界で動きがあった。ランボルギーニというイタリアのトラクター製造会社の社長が、まっさらの3.5ℓＶ12ＤＯＨＣを引っ提げて、高性能ＧＴの世界に突入してきたのだ。そのＶ12の設計者は、元フェラーリでＶ12のＧＴレーサーを担当していたジオット・ビッザリーニという技術者だった。フェラーリに挑戦する新興勢力の登場だった。

それまではV12と言えばフェラーリだった。戦後にそれが常識のようになっていた。

だが、こうして見てきたように、V12は自動車の世界だけでもゴロゴロあって別に珍しくはない。にもかかわらずV12と言えばフェラーリという認識に世の中がなったのは、彼らが旗揚げしてからずっと、世界にV12エンジンを積むクルマがたまたま他になかったからだ。フェラーリの神話は、単にフェラーリがV12を金看板にし続けたからだけではなく、偶然そういう世の中になってしまっていたからなのだ。その止水に石を投げ込んだのがランボルギーニだった。最初は静観していたフェラーリも、ミウラで彼らがひと足先に旗艦のV12ミド化を果たして状況を作ってしまうと、仕方なしに応じることになった。

ここでふと思う。こうして歴史を振り返ってV12を積んだ市販車をあらためて数えていくと、戦前は軒並みそれは高性能スポーツカーもしくは高性能GTでなく、贅沢な超高級サルーンばかりだったと。V12は、形而上的には贅沢のアイコンであり、形而下では贅沢な装備の豪華な車体を不足なく前に押し出すための大排気量すなわち大馬力の物理的必然性からの選択であった。それが戦後はフェラーリが〈V12＝高性能スポーツ〉という図式をひとりで作って固定させた。戦前のV12のイメージと戦後のV12のイメージは決定的に違う。フェラーリは、たぶん自分の商売のためにそういうV12車ばかりを売ってきただけなのだろうが、結果として自動車という商品の色分けを変えてしまったのだ。ランボルギーニのV12車はそれを追認することになった。

そんな20世紀後半のV12の世界に、次に飛び込んできたのはイギリスだった。1970年代に入ってすぐ、ジャガーがEタイプにV12を搭載してきたのだ。そのV12は、ル・マンでフェラーリを打倒すべく彼らが開発してきたミドシップ2座レーサー〝XJ13〟に積まれる予定のものだった。V12高性能スポーツカーがもう一台生まれた。構図はさらに堅くなった。

と思う間もなく、ジャガーはそのV12をXJサルーンに押し込んだ。確かにジャガーのイメージはスポーティであり、XJも4ドアスポーツカーという根っ子を持っている。しかし、それでもサルーンはサルーン。12気筒XJは戦後になって初めて誕生した〈贅沢のV12車〉だ。

ここで突破口が開いたなら、続々とそういう贅沢のための12気筒車が現れるだろうと皆が思った。しかし、時代がそれを阻んだ。１９７０年代に入って急峻に盛り上がってきた排ガス規制の波と、73年秋に起きた石油ショックである。多気筒大排気量はガソリンを食って排出するガスそのものの量も増える。逆風である。70年代から80年代中頃までそれが続いた。

けれど、そんな凪のような十数年を打ち破る者が現れた。ＢＭＷである。彼らは70年代の中盤に一度Ｖ12を試作して7シリーズに載せて送り出そうとした。しかし時代が吹きつける逆風に腰をかがめて、彼らはそれを引っ込めてしまった。そのときの悔恨を晴らすのは今とばかりに、１９８６年10月に、以前のそれとボアピッチなどの設計要件を共有する、しかしブロック素材は鋳鉄からアルミに一新したＶ12をＢＭＷは送り出してきたのだ。これを搭載するのは旗艦7シリーズ。贅沢の象徴としてのＶ12だ。

その後、ＢＭＷは8シリーズにもそのＶ12を搭載してくることになるが、８シリーズはスポーツカー風のアピアランスを持つが純スポーツカーではなく、ＢＭＷサルーンの味わいを磨いて染み込ませたＧＴのような存在である。その証拠に、ＢＭＷ自身もＶ８を積んだ８４０Ｃｉのほうにスポーツ性を付加した仕様を加えてきていた。

宿願を果たして有卦に入るＢＭＷを黙って見ているベンツではない。恐らく彼らもＶ12を密かに用意して、準備万端整えておいて送り出す頃合いを見計らっていたに違いない。

しかし、ベンツは見誤ってしまった。彼らのV12お披露目は1991年のW140系Sクラスだった。その翌年にR129系SLにも搭載が明かされた。贅沢豪華サルーンでお目見えしてスポーティ風GTに展開する。これはBMWと同じパターンである。だが、ちょうど世界的な景気後退の時期であった。環境問題も再び注目され始めていたときだった。日本も既に芯のところでバブルが弾けて、あとはタイムラグを経て一般世界にそれが表面化するのを待つだけのタイミングだった。そこに登場したV12搭載Sクラスは時代の空気を読まない傲慢な奴に見えた。世界中が薄々感づいているドイツ人の嫌な部分と重なって見えた。強烈なバッシングが集中した。

不思議なことに、ある意味では贅沢の極み以外の何物でもないフェラーリとランボルギーニには、そういう糾弾の声は飛ばなかった。

贅沢な気分のためのV12は許されない――らしい。

速く走るためのV12ならば許される――のか。

20世紀の後半にフェラーリが設定して、人々の意識下に擦り込んだ〈V12は高性能スポーツのためのもの〉というテーゼが効いているのだ。そんなところにまた、我々はあの赤に脳を侵されてしまっていると知る。

その後、ＶＷ／アウディ連合がＷ型という形態で12気筒をエンジンラインナップに加えた。アウディはいいだろう。１９３０年代に６ℓＶ12を積んだ高級サルーンを売っていたホルヒは今の彼らに血筋が繋がっているのだから。しかし、もう片方の会社は人民車という意味の名前を持つ。その会社のＶ12である。

　そういう薀蓄は、なぜかアストン・マーティンのときは浮かばなかった。傘下ブランドのラゴンダならＶ12の実績はひとつだけでなく持っている。だが、アストン自身には12気筒の伝統はなかったはずだ。直６とＶ８が彼らの心臓だったのだ。なのにラゴンダではなくアストンがＶ12を手土産に復活してきた。でも誰も何も言わなかった。そのＶ12の出自がフォードの乗用車用Ｖ６だと指摘する人はいたけれど。

　そして、トヨタまでがＶ12車を市販するようになった。フェラーリとランボルギーニは旗艦12気筒モデルで、いつ果てるともない性能争いを続けている。誰もそれを人類や地球に対する罪として責めたりはしない――。

　ダウンサイジング過給。それは自動車評論家までも懸命に振る錦の御旗である。その理屈は正しい。霞が関でアイドリングして主を待つセンチュリーは強制的にV6ハイブリッドにしてしまえばいいのにと誰だって思う。だがアヴェンタドールやF12の気筒を減らせとは誰も言わないし、誰も思わない。

きっとそうだ。速く走る、その一点のみにおいて12気筒は生存を許されている。

少し前に65度バンク自然吸気6.3ℓV12DOHC4バルブ660psを全負荷領域まで使った。最後の1割に踏み込んだとき、脳髄が痺れて何かが噴き出した。似たような数字を並べる過給V8ではそうはならなかった。知覚領域が何かに浸されて痺れるようなこの感覚は、味わったことのない人間には分かるはずがない。そう思った。

V型12気筒。理屈ではない。たぶん永遠に消滅しない。

（FMO 2012年3月20日号・4月10日号・4月17日号／午前零時の自動車評論5収録）

自動車の物語

架空戦記

木曜日、午前2時30分。深夜の辰巳パーキング。

赤い328GTSは縦に長いパーキングロットに停まっている。

本来は、ここは大型トラック用のスペースだ。しかし今はトラックなど1台もおらず、代わりにGT－RやS13シルビアやEGシビックがそこを埋め尽くしている。皆飛び石傷やパッドダストや焦げ跡を身にまとった歴戦の勇者。そうした車列の中で間違いなく浮いているフェラーリ。


そのフェラーリのフロントガラス越しに、1台のクルマが勢いよく飛び込んできたのが見えた。

黒いボルボ850T5R。決して、ここ向きではないそのワゴンは、毎日のように走っている常連だ。もっと場違いなこちらが、スペースを譲ることにする。

左手でサイドシルの脇にあるハンドブレーキを解く。シフトレバーを一度左へ倒し、それが櫛歯型のゲートに当たってたてるカチンという音を聴いてから、後ろに一気に引く。フロアの中央のコンソール下を通っているゴツいスティールパイプ製のシフトリンケージが後方に動き、ギアボックス内のフォークを倒す。1速ギアがメインシャフトと一体になる。

クラッチをゆっくり戻す。完全に繋がったことを確かめてから、スロットルをほんの少しだけ開ける。

流出路に向かう。流出路はそのまま9号深川線への連絡路の右側車線になっている。

4000rpmまで回して2速へ。そして全開。

3速に入ったところで、スロットルを少し戻す。前輪に荷重を入れておくためだ。そうしないと目の前の左90度ターンを曲がれない。3速全開のままではフェラーリは完全なフロント荷重不足で、テコでも曲がってくれないだろう。

ひくっとノーズが沈んだのを見ながらステアリングを左に切る。右前輪の荷重増加と発生した横力を右の手のひらで確認して、再びスロットルを開ける。舵角は気持ち大きめに入れる。そうやって、ヨー角速度ゲインが足りないところを舵角量で強引にねじ伏せて左車線に移る。それはそのまま9号の本線へ合流していく助走路になる。

オレンジ色に光る速度計の針は120km/hを指している。見にくい右のミラーをちらりと見て、こちらが入っていく左側車線を進んでくるクルマがいないことを確かめる。ありがたいことに、いない。

　スロットル再び全開。９号線に入る。

　そのときだった。右のミラーに２つの丸灯が映った。湾岸から９号に入ってきたクルマだ。何だ？　ユーノス・ロードスターか？　それにしては２灯の間が離れすぎている。気になったものは必ず確認する。命とクルマと免許を守るためのそれが掟だ。

　床まで踏んでいたスロットルを半分ほど戻す。加速を鈍らすこちらと入れ替わりに、そいつはスロットルを開けた。右斜め後ろで轟音がした。こっちだって背中の後ろでＶ８がわめき立てているのに、その轟音ははっきり耳に届く。

　丸２灯はぐんぐんと迫り、右のミラーの守備範囲から外れて、こちらの真横にクルマは並んだ。カウンタックだ。赤のアニバーサリー。

　この時間にこの場所で、そういうクルマに出会ったのは初めてだ。たまには面白いことが起きるものだ。

カウンタックを前に出す。スーパーカーの類のドライバーを一切信用していないからだ。なぜなら、彼らの大半は、あまりにクルマを知らない。ハイパワー車を扱うための基礎的な知識に欠けている。例えばカウンタックは、リアサスのジョイントにピローボールを使う。そうしなければ物理的にストロークしないアーム配置だからだ。そして、ピローボールは頻繁なメンテナンスを必要とする。だが、S13やAE86の走り屋少年ですら知っているその常識を、ほとんどのカウンタック・オーナーは知らない。メンテナンスをする専門店とやらも知らない。だから、大概のカウンタックは、サンタアガータの工場を出て以来、一切のピローボールの補修は行われず、クラッチをつないだ瞬間にリアタイヤがガシャンと後ろへ数cmもズレる――。

そういうこちらの心配をよそに、カウンタックはフェラーリの前へ出た。きれいに走っている。クルマもドライバーも信じてよさそうだ。そういう空気がある。

合流から暫く続く長いストレートをカウンタックは加速していく。

ストレートエンドでは、現役組のGT－Rクラスなら余裕で250km／hまで達する。減速して200km／hでターンイン。それが一応の最低ラインだ。

十数年後にZ33バージョン・ニスモ380RSがその速度で軽々と進入してみせたこの高速S字を、カウンタックとフェラーリは160km／hというのんびりした速度で入る。それがまあ限界だ。コーナリングによる抵抗で速度が落ちたところで左にターン。そして緩い右。暫くまたストレートが続く。少し下って福住入り口を右に見て、また登る。

登りのストレートエンド左側のビジネスホテルのビルには、のちに危険運転行為の常習犯監視用のカメラが公安の目を光らせることになるが、このころはまだ緊急待避所に移動オービスを積んだ白いライトエースが罠を張っていた時代。しかし、先ほど周回してそれがいないことを確認している。アクセルは緩めない。

地図型の渋滞表示板の下をくぐって、左、右、そしてまた左の二連S字。それを過ぎると道は下っていく。

次は福住出口のS字だ。その進入で右に進路を移して、カウンタックの後ろに着く。S字のふたつ目のイン側は路面が激しく荒れていて、フェラーリの冴えないアシと柔い車体には辛いのだ。特にタイヤをRE711に替えてからはさらに辛くなった。

S字進入は140km／hほど。3速で入って3速で抜ける。そしてストレート。

左側の箱崎入り口から、雨宮のエアロをまとった白のＦＤが入ってきたのがちらりと見える。ベタベタに車高の低いそのＦＤがずっと後方で合流したのをミラーで見ながら、左に車線変更する。遅れてカウンタックも左へ移った。堀切方面でなく、都心環状線に向かうわけだ。ならば、ついていこう。

カウンタックとフェラーリは、箱崎ジャンクションに入る。タイトな左90度のターンを過ぎると、今走っている合流路は３車線の一番左になる。

このまま左にいて環状線外回りに入るのか。それとも右へ移って内回りか。

そう思う暇もなく、カウンタックは右にウインカーを出し、中央車線を越えて右端まで赤い巨体を持っていく。内回りか。この先の江戸橋ジャンクションで、銀座方面から走ってきたクルマが左車線に合流してくることをちゃんと分かっているわけだ。

左に折れながら登る。合流してくるクルマを目で確認する。たまに、いきなり右側車線まで一気にすっ飛んでくる馬鹿がいるから安心できないのだ。

右に左にくねる呉服橋から神田橋。驚くほど空いているのにカウンタックは抑え気味のスピードで流す。こちらのギアでは140km／h強までカバーする3速の守備範囲。たまに4速を使う。そんな速度域。車線は右のままだ。

今はオービスが設置されている竹橋の毎日新聞本社ビル前の左90度コーナーで、5号池袋線から合流してくるクルマを警戒して一度左に寄り、その後また右へ戻る。短いストレートを加速する。

そのストレートの中ほどにある竹橋出口への長い流出路に、青と白2台のGC8インプレッサが停まっている。クルマの外に立っていたふたりの青年が、驚いてこちらを振り返るのを視界の端に捉えた。きっと盛大な轟音をたてるわりには遅い、派手な2台に驚いているのだろう。

下って、右へ緩く登って、短い代官町トンネルをあとにする。迫ってくる千鳥ヶ淵の下り左。しっかりと前荷重を入れておかないとアンダーが出る嫌なコーナーだ。

カウンタックは丁寧にそこをクリアして、千代田トンネルに入る。ここからは三宅坂分岐までストレート。カウンタックは加速していく。煤けたトンネルの壁に反響した轟音がビリビリと鼓膜を震わせる。

4号新宿線への分岐を右に見て本線は左に緩く曲がる。緩くアップ・アンド・ダウンの続く高速S字を2台は前後に連なって走っていく。

霞ヶ関トンネルに入る。いつもならここは4速も使うセクションだが、カウンタックはそこまでスピードを上げていない。

その理由は、右に左に振りっ返すたびにぐらりと揺れる車体を見れば分かる。カウンタックは重心が高いのだ。その高い重心を支えるのは古式ゆかしいピレリP7。辛いだろう。だが、そのときは最新のハイグリップラジアルを履いていたこちらには、まだ多少余裕があった。


どうする。前に出るか。

しかし、この先、トンネル出口の付近の右ブラインドコーナーには、霞ヶ関入り口からの合流がある。ここは明け方までタクシーが流れ込んでくる不夜城のランプだ。右車線のままカウンタックは、合流があるその右コーナーに入っていく。こちらもその後に続く。

右の視界が、煤けたタイル張りの壁から、柱の列に変わり、その隙間から流入路が見える。入ってくるクルマは1台もない。奇跡だ。柱が終わって、破線で区切られた合流車線に変わる。右のミラーで合流車が来ないことを、今一度確認する。

意を決して左、ではなく右にステアリングを切る。

フェラーリは霞ヶ関の合流車線に半車身ほどはみ出す。今はきれいに舗装し直されているけれど、当時は強烈にそこは荒れていた。しかし、構わず出る。強烈な振動が右の前後輪を襲う。そして今度は左に切って一気に左車線に滑り込む。霞ヶ関トンネルの出口は登りながら左に強く曲がっており、このラインを使えばアウトインとなる。舵角は小さく済んで、アクセルを思い切って踏んでいけるのだ。

フェラーリはカウンタックの後ろから出た。イン側に並んだ。

それに気がついたカウンタックのドライバーが大きくスロットルを開ける。こちらも全開。

だが、その左コーナーの奥には大きな瘤がある。霞ジャンプと呼ばれるその段差は、外回り随一の難所として有名だが、登り坂になる内回りだって十分凶悪だ。まだヨーが残っている段階で、しかも加速しながらそこを踏み越えねばならないのだから。

このまま並んでそこに入ったら、跳ね上げられて外側にいるカウンタックに激突するかもしれない。
構うものか。そうなったらそのときだ。
スロットル全開のまま瘤の部分に入る。
フロントが持ち上げられる。
一拍おいて、それよりもずっと重いリアがドカンと跳ね上げられる。
飛んじまうのか。

一瞬、無重力状態になったフェラーリのリアは、しかし、からくも踏み止まって、左側車線の内側に着地した。抜けかかっていたトラクションがいきなり復活して、その反動でエンジンマウントがズドンと底突きする。ギャッと短くリアタイヤが悲鳴を上げる。構わず再び加速。あとは踏み切るだけだ。

4速に上げて、アクセルを床に力一杯踏みつける。グラスウールの抜けきったANSAが、まるで直管のような炸裂音でわめく。アルミダイキャスト製のV8も狂わんばかりに壮烈な燃焼音と振動でがなり立てる。

だが、カウンタックが発する音はその上を行く。排気音だかメカニカルノイズだか判別できないその激烈な音波は、耳を聾さんばかりに巨大で、こちらのエンジン音や排気音はマスクされて一切聴こえない。不思議な静謐の世界。


真横の赤いボディ。

前に出られるのか――。

全開全負荷でわめき立てるＶ12とＶ８。

いや、加速は全くの互角だ――。

目の前のタコメーターの針が７７００ｒｐｍのレッドゾーンに飛び込もうとしている。

だが、まだ早い。レブリミッターが介入するのはタコメーター目視８０００ｒｐｍだ。そこまで回す。

フェラーリＶ８がバラバラに弾けそうな悲鳴を発してこちらを非難する。

８０００ｒｐｍ。僅かに右足を戻す。5速に叩き込む。長く細いシフトレバーが、重いリンケージとフォークの慣性に負けて一瞬しなる。その一瞬が数秒にも感じる。そしてまた全開。再びわめきだすエンジン。ギアリングからの計算上では200km／hを超したはずだ。しかし、まだカウンタックは真横に並んでいる。

登りのストレートはもうすぐ終わる。その先は緩く左に曲がる谷町ジャンクションだ。どうする。このまま飛び込むか。

今まで200km／h台で328をそこに放り込んだことはない。のちに漫画に描かれて赤坂ストレートとして知られるようになったこのセクションで、現役トップのクルマたちはそのころ、既に300km／hを記録していた。しかし328では、続く谷町の左の進入を考えると200km／hが限界の瀬戸際だろう。それも旋回に2車線使っての話だ。しかし右にはカウンタックがいる。そしてカウンタックがいる右車線には、3号渋谷線からの流入がある。そちらからクルマが来ない保証はない。

とそのとき、3号からの流入路の側壁越しに4tトラックのアルミ製の屋根が見えた。やはり、いた。

フルブレーキングするカウンタック。

しかし、あまり車速は落ちない。15インチの小さな径のホイールの内側に収まる300㎜径のローターでは、情けないほどの減速Gしか出せない。

逃げ道を空けてやらねばと思った瞬間、カウンタックの車影が右へすっと離れた。と同時に断続的なスキッド音。右へ切って渋谷線への分岐路に逃げたのだ。

ほっとしている暇はない。今度は自分の番だ。空いた右側車線を使ってクルマを直進状態に保ちつつ、目一杯ブレーキングする、サンプリングタイムが間抜けに長いABSが作動して、前輪がギャッギャッと断続的に悲鳴を上げる。

速度が十分に落ちたのを確認してブレーキを僅かに緩め、ステアリングを少しだけ左に切って、左車線に移る。その途端に、渋谷線から1台のタクシーが右車線に合流してきた。その後ろに4tトラック。危なかった。こいつの前にタクシーがいたのだ。

328を紛れ込ませる。飯倉ランプからの合流とJAF基地を左右に見ながら、流れにスピードを合わせる。車列にタクシーとトラックが流れるいつもと変わらぬ深夜の首都高環状線。周りのクルマたちは数十秒前の出来事など知らない。

知らず溜息が出た。

辰巳パーキングを出てから初めて呼吸をした気がした——。

（ＦＭＯ　２０１１年８月９日号／午前零時の自動車評論１収録）

スポーツカーを買うならば

まず初めにマツダのロードスターを買いなさい。そして、それを余すところなく乗り尽くしてしまったら、次に買うべきはポルシェ９１１しかない。他のクルマは寄り道にしかならない――。

「もしも、これからスポーツカーを買おうとするならば」という設問に対しておれが昔からあちこちに書いている自説である。

スポーツカーの定義というのは人によって様々である。だが、おれは地球上に生きる以上厳然としてそこに存在する物理法則から逃れて、可能な限り自由に運動したいという欲望のためのマシンだと考えている。引力から始まって特殊相対性理論の範疇まで、我々が生きている間じゅう逃れられない縛り、そこからひとときでも解放してくれるもの、それがスポーツカーだと思っているのだ。

であれば、走って曲がって止まるという3つの運動が、可能な限り自分の意思に沿ってくれるクルマでないと駄目である。味とか楽しさとかは、あればあったで歓迎だが、とりあえずは関係ない話だ。

そうなると、絶対質量と、その質量配分の優秀がまず肝心になってくる。短く小さいことも重要。さらには、旋回に必要な横力と加速に必要な駆動力は別々のタイヤに任せなければ自由度は減ってしまう。その駆動力を生むエンジンも、回しただけ馬力がすっきりと出てくるようでなければ、いくら過渡域でトルクが充実していようと、自由にはなれない。流行りのディーゼルも小排気量ターボも、効率と日常的な扱いやすさが第一の乗用車の原動機としてはいいけれど、操作とその結果として生まれる機動との関係の真っ正直なリニアリティに関して理想を目指す心の前には、一昨日来やがれである。

抽象的な言いかたをするならばこうなる。スポーツカーはスポーツの道具。誰が打ってもホームランになるバットとか、誰が打っても真っ直ぐ300ヤード飛んでいくドライバーなんてのは無用である。芯を食ったら目が覚めるほど美しく飛んでいくけれど、芯を外したらファールとかOBになる。そういう風に、扱いかたと結果の関係が真っ正直に対応していないといけないのだ。

これはスイートスポットが広いかどうかの話ではない。もちろん、それは広いほうがいい。だが、スイートスポットを外してもきれいに飛んでいくような特質なのであれば、それは乗用車には理想だがスポーツカーにはいけませんという話である。操作に対して正直であり、正しく操作したときは正しく走り、操作に失敗したらうまく走らないという関係性でなくてはならない。だから自分の操作を真摯に考えることができる。考えて訓練して、正しい操作を体得したときにカタルシスが生まれる。それがスポーツカーであり、スポーツカーを駆る喜びになるはずだ。

じゃあ、そういうクルマとは、具体的にはどういうクルマなのか。

高い室内効率と穏やかな乗り心地と安定性を旨に作られた乗用車を、ちょちょいと改造したクルマでは、一端は垣間見ることはできるが、高みを目指すには不十分である。技術的にはスポーツカーは、まず専用設計じゃないといけない。絶対に中途半端なものになるからだ。

要するに、3シリーズやCクラスをちょん切って仕立てたZ4やSLKの出る幕じゃないということである。あれは、走って楽しめるかどうかはともかく、結局は〈コロナで作ったセリカ〉の仲間だ。簡単に言えば改造乗用車。エンジンの置き場所や車重や重量バランスに始まってアシまで、ベースになった乗用車のくびきから逃れられない。おまけにブランド物としての義務を果たすべく余計なものが盛られていて、純粋性に欠けるし、重量にもそれが響いている。

ランエボやインプレッサのようなものも違う。ああしたクルマの鍛えられかたと、それがもたらす楽しさ、そして到達する高みはしみじみと痛感して、作り手が積み重ねてきた仕事に対して尊敬を抱くが、やっぱり機械の本質から言えば、それらは超が付く改造乗用車だ。その意味では日産GT－Rもそうである。どれも運転操作と生まれる結果の間に線形の関係が構築されてはいるクルマではあるけれど、目指す第一の目的が速さそのものであり、速さを獲得する手段としてそれがあるという順番の機械だと思う。

となると、もうほとんど選択肢が残っていないのである。

まずは車重を考えてみる。その数字は、1tが境界線になる。これは、物理工学的な論拠があって言っている話ではない。長年色々な自動車に乗ってきて導き出された帰納的結論である。なぜかクルマというものは1tを超えると、質量を意識せざるを得なくなり、アシとかタイヤとかの要素技術の助けを大いに借りて走っている印象になるのだ。1tという数字は、自動車の質量におけるマジックナンバーだと考えている。

そんな車重1tの黄金値をスポーツカーというフォーマットで目指すならば、現代においては初代NA系もしくは2代目NB系ロードスターしか選択肢がないのだ。

軽いだけならカプチーノとかビートという軽スポーツがあったが、あれは真摯に運動性能を突き詰めようとした物体ではなく、バブルに浮かれて〈面白いもの〉を作ろうとした結果生まれてきたクルマだろう。軽自動車という枠でそれをやろうとした結果、レイアウトをはじめ色々なところに歪みがあるのだ。

エリーゼもそう。あれは軽量のミドシップをお手軽に楽しめるようにという企画から生まれたものであり、〈アルミだから軽いぞ〉とか〈余計なものが付いてないぞ、ロータスだぞ、スパルタンだぞ〉とか、如何にも分かりやすい演出をしつつ、その裏側でパッケージ効率やアシやパワートレインに重大な瑕疵を内包している機械。その表裏に怜悧な計算がおれには透けて見える。横置きミドシップは、一見よさそうで根本的には自己撞着に嵌まるレイアウトなのだ。エリーゼというクルマは、乗ればそこそこ楽しく、しかし翌日に冷静になってあらためて思い返してみると、感心するほどの計算高さがまず印象に残るクルマである。

ロードスターの成功を見て生まれてきた数多のフォロワーの中に、ホンダS２０００というクルマがあった。車重1.2ｔ強ながら、ホイールベースは２４００㎜というその黄金値にぴたり収まり、その車体に自然吸気高回転型の直4をフロントミドで積んだS２０００。ロードスターよりも間違いなく限界は高く、端的には速い。ロードスターを卒業した人に格好のマシンに見える。

でもＳ２０００は薦めない。

　ホンダとかＳ８００の再来とかＶＴＥＣとか、そういう雑誌に踊っていた安っぽい惹句を脳みそから排除して真っ白な心でＳ２０００を考えてみる。すると、このクルマはロードスターという評価が確立された前例を目の前に、その要素を要素ごとに強化していったクルマに見える。自然吸気でリッターあたり１２０ps超を目指した馬力。９０００ｒｐｍの高みにあるレブリミット。オープンカーなのに驚くほど硬いボディ。剛直に踏ん張るアシとグリップの高いタイヤ——。これらのどれも運動性には貢献する要素である。しかし、そうしていった結果、Ｓ２０００は、ひたすら絶対的な速さを求めたチューニングカーのような物体になってしまった。それ自体は端倪すべきものではあるけれど、あらためて世の中の高性能車と比べてみれば、中途半端に速いエンジン、中途半端に硬いボディ、中途半端に頑張るアシではある。それらが寄り集まって完成したＳ２０００は、確かにロードスターよりも項目ごとのレベルは上だったが、できあがったものに〈収まりのよさ〉が欠如していた。着地点が我々人間の感覚とズレてしまったのだ。

　オープンカーで２００km／ｈは決して快適な速度ではない。Ｓ２０００に乗ると、１００ps台中盤のロードスターのエンジンがオープンカーとしてぴったり適した頃合いのものだということに気づく。確かにボディは硬いほうがいいけれど、100ps中盤のクルマであればそれは必須ではなく、それよりは車重を1tに抑えたほうが正しかったのではないかとS2000に乗ると思わされる。〈ウチがやりゃあ〉という作り手の意地が、悪い方向に作用してしまった気がする。

じゃあ、いっそオープンはやめてクーペにして、250psエンジンを存分に生かしたらどうだ――。そのほうがよかったんじゃないかという話をする人がS2000デビュー当時には業界にたくさんいたが、それだと自然吸気直4を積んだシルビアQ'sのちょっと速いヤツみたいな物体ができただけだっただろう。

シルビアでいいじゃねえか。それはまあそうである。おれもS13系シルビアを2回買ったから知っているが、それは乗っていてそれなりに楽しいクルマではあった。そういえばあれは専用設計のクルマだった。でも、突き詰めてはいなかった。運動性にとって余剰やムダがたくさんある。その余剰やムダが楽しい。スペシャルティカーとはそういうもので、結局セリカやSLKやZ4と同類なのである。マスタングも、サイズと動力性能はふた回りも格上だが、結局は同じ種類のクルマ。乗用車ベースで手軽に仕立てたスポーティなスペシャルティの世界元祖がマスタングであった。そして、マスタングを横目で観て、トヨタが作ったのが往時のシルビアの競合車セリカだった。
それと似たようなことが86／ＢＲＺにも言える。トヨタや富士重工が何と言おうと、あれは少なくともスポーツカーの理想を目指して作られたものじゃあない。86／ＢＲＺは、インプレッサをスタート地点にしていて、結果としてシルビアと同じ枠組みのクルマになってしまっている。基本的な素養におけるそうした部分に関しては、おれは色々な意味において悪いことではなかったと思っているのだが、スポーツカーとしてはロードスターのように、あらゆる要素が〈これでなくては〉と思わされるところに収斂した抜き差しならぬものにはなっていない。

ただし、おれは、何が何でもロードスターのように車重１ｔでホイールベース２４００㎜内外に収まっていなけりゃハナから駄目だと考えているわけではない。ホイールベースをもう少し延ばし、車重を1.3ｔの線まで許容すると、そこに車体剛性とかヨー慣性モーメント低減などを追及する余地が生まれるからだ。そして３００psオーバーを臨むエンジンを積む世界が扉を開いて待っている。たかだか２５０ps程度を鼻で笑って蹴散らすような相手がそこにはいるのだ。その世界が視界に入ってくると、例えばＳ２０００は、オープンカーにしちゃという条件付きで速いという点でしか光れない。Ｓ13系シルビアで走り屋デビューする人は多かったけど、マジに走り込むと魔改造AE86で旋回上等の方面に行くか、チューンドGT－Rで超高速超高負荷の世界に飛び込むかのどちらかに皆進んでいった。やはり、そこに強力な引力を発生する磁場にはなれないクルマだった。

さて、300ps級とか、それ以上の能力のエンジンを積むという話になると、今度は設計やレイアウトに厳しさが増してくる。ただ軽いとか後輪駆動だとかエンジンがクルマの真ん中に寄せてある程度の大雑把な話では済まなくなる。車体剛性やアシといった要素技術の磨き上げも必要になってくる。

何よりエンジンが問題だ。このクラスの馬力を狙うとなると直4では無理で、6気筒という話になってくる。しかし、6気筒をフロントに積むと、車重と重量バランスの兼ね合いが辛くなる。そこを頑張ってフロントミドに積めたとしても、今度はトラクションが危うくなる。これに対してハイグリップタイヤに4WDと、次から次へと対処療法をしていくと、重量は際限なく嵩んでいってしまう。

3代目FD3S系RX－7は、ロータリーエンジンという武器を生かしてその陥穽に嵌まらずに、スポーツカーとして理想に近いホイールベースと車重と重量バランスを崩さず作られた史上稀なすばらしいクルマだが、あのパワーを十全にこなし切るには惜しいことにトラクションが少し足りなかった。ＦＤ３Ｓ系の弱点は車体剛性だというのが常識だが、おれはそこではなくて、せっかくの馬力を地面にきっちり伝え切れないところが最大の問題だと考える。回頭性は鮮やかなのだが、踏んでもそれが加速にならずに横に逃げてしまう。ちょっと前までのマツダは小回り旋回機動の巴戦に特化したがる傾向があったがＦＤ３Ｓ系はその典型であり、こういう特性はロードスターというスケールの枠組みの中では嬉しく飲み込めるけれど、３００psを伺う馬力を有しているのであれば、果たしてそれでいいのかという話になってしまう。

これを解決するのがミドシップ――。なのだが、それはそれで問題が出る。エンジンを理想的に縦置きで車体の真ん中に積もうとすると、パッケージ設計に細心の注意を払わねばならないし、必然的にホイールベースは長くなる。長めのホイールベースを甘受しつつ、車体のど真ん中に大穴が開くというミドの宿痾を克服して車体剛性を高めようとすると、そこに高い技術投入が必要になる。当然投入コストがかかる。すると値段が高くなる。なのに座席数はお客を限定するふたつ。また端的な加速性能の上でも、６気筒で２００ps台だと商品性がつらい。ＮＳＸは、そこに嵌まってしまったクルマである。

だから、そのあたりまで加味して考えると、ミドシップは、V8を積んで400ps以上をひねり出して、所謂スーパーカーにするしかないわけである。例えば現行車だと458イタリアとかガヤルドという話に跳躍するのだ。

これはバイヤーズガイドではないので跳躍してもいいのだが、フェラーリやランボルギーニを誰にでもホイホイとお薦めするわけにもいかないし、それに両車とも重量がかさみ過ぎているきらいがある。それに何よりスポーツの道具としては華美に過ぎる。銘木を材料にして名のある工匠が彫刻して仕上げたバットで野球しろと言っても、折れたらどうしようとか傷ついたら困るとかの思念が先に立って、野球に集中できないだろう。おれはその手のことを気にしない無神経野郎なので、飛び石パッド粉ホイール加熱変色ジョートーでフェラーリに乗っていたけれど、人様に同じことをしろとは言えない。F50なんてカーボン車体にがらんどうの室内で如何にもスポーツカーらしく、それこそロードスター以上に操作に対して正直に動いてくれて、惚れ惚れするほどのスポーツカーだったが、あれをその辺で遠慮なくシゴくことは常人の神経ではできないだろう。仕事になると、特にそのあたりの神経が遮断されてしまうおれだが、F50に乗って複合S字で前に荷重を乗っけ損なってどアンダーを出しかけたときは冷や汗をかいたものだった。

じゃあ、この世にないってことなのか――。

あるのだ911が。

場合によっては、最終型NSXタイプRならば911の代わりになるとおれは考えるが、その場合はエンジンのカタルシスをちょっとだけ諦めなきゃならないし、最終型タイプRは冗談みたいな中古価格相場になっているので、やはり普遍性をもって話をするなら911ということになる。


拙著『スーパーカー誕生』で長々と書いたのだけれど、911はその根源においてスポーツカーとして作られたクルマではないとおれは考えている。重量配分に目を瞑って+2座を加えて商品性に淫したクルマ。不純と言えば不純そのものだ。

しかし、だからこそなのだろうが、その先がきわめて真摯に911は仕立てられてきた。例えば、ケツが重くてハナが軽いのだから、それを正直にステアリングフィールとして伝えてくる911は、正しい道具として当然だ。荷重を掛けなければフロントは有効に使えず、曲がろうとするとき前荷重にしなければいけないというのは、へっぴり腰で後ろに重心を掛けたらスキーは曲がってくれないのと同じで、物理法則として当然のことが起きたまでのこと。前輪を使って曲がるには前荷重、後輪を使って加速というクルマの法則は、ＦＦでもＦＲでも究極的には実は一緒なのだが、それを真っ正直に表現しているのがミドシップやＲＲであり、その中でも９１１ではその法則がきわめてシンプルに展開するのである。曲がりたければ減速で前輪に荷重を掛ければいい。これ以上ヨーと横方向加速度が要らないと思ったらアクセルを踏めばいい。ひたすら、その単純なルールにのっとって動かせば、９１１は誰にでもきちんと答えを返してくれる。

９１１はケツが重いのでスピンが怖いとみんな腰を引くが、おれに言わせれば超高速ならともかく、あんなにスピンしにくいクルマはない。姿勢が乱れかかっても、とりあえずアクセルを当てれば絶対に回らない。それを信じていられる。どっちかと言うと９１１はヤヤコシイ屈曲路で読み違えて前荷重不足になってアンダーに至るほうが怖いクルマである。

つまり９１１は、物理から自由になるための操作のメソッドを身体に叩き込むには最適なクルマなのである。そこへいくとフェラーリは信じられない。どこかで裏切る。情報がスッコ抜けてクルマの状態を伝えてこないことがしばしばある。

軽さという意味では、年々重くなっていく９１１は、昔とは少しずつ違ってきてはいるが、それでもあのシンプルな法則は――モデルによって確信犯的な嘘が混じるときもあるにしろ――

基本的にはしっかり維持されている。それが維持されている限りにおいて、おれは重くなったことでアシが硬いのは仕方ないと目を瞑る。その重さを少しでも削るために遮音材を乗用車のように投入していなくても仕方ないと諦める。スポーツカーは、味を楽しんだり居心地を安寧にするよりも優先すべきことがあるのだから。つまり、打ったときの音がいいか悪いかは、いいバットかどうかを決める優先要素ではないのである。そして911は、野球に真摯に取り組んで、その結果でなくプロセスを楽しもうとするなら最高のバットだ。イギリスのバラエティ番組の芸人が何を言おうと、おれはそう信じる。

そんな眼の据わったような911のストイックさに腰を引いてしまう人がいる。彼らの視線を吸い寄せるのがケイマンやボクスターである。

けれど、その両車は、911の境地に達してはいない。設計を鑑みれば、両車とも怜悧に計算した上で911から引き算をして作った商品であることは明白なのだが、何よりも911と両車が違う点は、操作に対して正直じゃないことである。正しくない操作を適当に誤魔化してくれるのだ。その代償として、最後の最後にドライバーを裏切る動きが出る。それを、おれは雨の富士の100Rや箱根で何度も体験した。ポルシェの技術者はボクスターを〈世界最高の〉という枕詞を被せた上で〈これはプロムナードカーである〉と言い切ったが、それは間違いなくそのあたりのことを指して言葉を選んだのだと思う。

つまり、こういうことである。中低速の小回り旋回機動に特化するという枠組みの中ではロードスターに敵うものは現代にはいない。そこから上を臨んで加速能力においてさらなる自由度を求めるならば911になってしまう――。

ロードスターと911の間には、それこそ星の数ほど運動性能の高さを掲げたクルマがある。だが、それらはロードスターや911に何らかの介雑物を加えた機械だ。介雑物は味わいを作る。逆に言えば、味は介雑物が作るのである。そして介雑物は、言うまでもなく運動性への真摯を殺ぐ。酸いも甘いも噛み分けたベテランが、運動性の真摯は多少削っても味を選ぶのは理解できる。ひたすら911を尊敬しつつフェラーリが大好きで何度も買ってしまったおれとしては、そういう趣味性はとても共感できるところである。M3やM5のような高性能改造乗用車を、味わいとともに愛おしむのも趣味としてクルマを楽しむにはいい選択だとは思う。そんな味なんぞ振り捨てて、速さにだけ視点を絞ったランエボやインプやGT-Rといったスーパー改造乗用車には、それ独自の偏執狂的な目くるめく世界がある。また軽さを第一に考えるなら古いクルマなら初代エランとかヴァレルンガとかの傑作は１３０年の自動車の歴史の中に山ほどあって、骨董品を愛でるような慈心とともにそれを楽しむことができる。

しかし、これからスポーツカーを買って真摯に自動車を運動させるということを身体に刻み込もうとする人間であるならば、選択はひとつしかない。まずはロードスターを買って旋回するということを身体に叩き込み、しかるのちに９１１で加速することを学ぶ。これに代わる選択はあり得ないと考えているのである。

（ＦＭＯ　２０１２年２月21日号／午前零時の自動車評論３収録）

楽園

夜も深更にならんとするころ、ジョー饗庭が訪ねてきた。

オートカー・ジャパンという自動車月刊誌を読んでいた人なら、この男のことは知っているかもしれない。彼はめっぽう中古車の世界に詳しい。別に中古車業界の人間ではないのだが、どういうわけか市場動向からお約束のトラブル箇所まで知り尽くしている。最初は、毎週の中古車雑誌を隅から隅まで目を通さないと眠れないような、よくいる中古車マニアだったのだが、中古車にまつわるもろもろを知ることを生き甲斐としているうちに、そうなったらしい。普通でないその知識量を買って、彼にオートカー・ジャパンの中古車情報欄を担当してもらっていた。以来、夜半に突然やって来ては、もはや病気以外の何物でもない行動におれを誘ったりする。実はですねえ、ここの近くの中古車屋に走行2万kmビカモンのシトロエンXMが入ったので一緒に見に行きませんか、とか言い出すのだ。中古車を見るなら、店がやっている真っ昼間に行けばいいと思うのだが、彼は真夜中に置き場を眺めるほうを好むのである。

そんな男だから、今日もまた中古車探訪深夜の徘徊へのお誘いかと思ったら、そうではないらしい。安心したおれは、仕事の帰りで腹が減っているという彼を、陳建民さん直伝の麻婆豆腐を食べさせるという店に誘った。家から歩いて10分ほどのところにあるその中華料理店は、このあたりには珍しく深夜まで開けているのだ。

店は空いていた。ど真ん中のテーブルには何となく座りにくくて、おれたちは壁際に席を取った。差し出された品書きを一瞥して、ふたりとも件の麻婆豆腐を頼んだ。

いい年をして夜中にそんなものを食ってちゃ、お互い長生きはできないなと話すうちに麻婆豆腐と茶碗に盛った飯とスープを並べた盆が出てきた。

腹が減っていると言っていたのに、ジョー饗庭は落ち着いた箸運びで食べる。この男は、おれとは違って根本的に育ちがいいのだ。いくら気取っていても飯の食いかたで育ちは分かってしまう。それが夕食とか晩餐とか名前がつくような立派なものでなく、こういう腹の足しに食うような場合は猶更そうだ。

「かなり辛いですね」

「だなあ。これじゃ味が分かりにくい」

「陳建民直伝と言えば、恵比寿にあったあの中華料理屋もそうでしたよね」

「ああ、あの大丸ピーコックの向かいの路地を入ったところにあった小さな店な」

「テーブルが3つしかなかった。あとは3席くらいのカウンター」

「無愛想なお婆さんが注文取りに来てな、やる気のなさ全開でな」

「なのに麻婆豆腐丼を頼んで食ってみるとアゴが外れるほど驚くという」

「日本式の麻婆豆腐とは別物だったよな。色も味も違うし、豆腐からして日本の絹ごしとか木綿ごしじゃない。一度、カウンターの奥の調理場にこもって調理してたお爺さんに訊いたことがあるんだが、ありゃあ中国の豆腐なんだとか言ってた」

「アレとコレは別のものですね」

「だな。豆腐もこれは日本のだ」

「1500円もするのに」

「あの恵比寿の麻婆豆腐丼は1000円しなかったでしたよね確か」

「それでも原材料が高くて儲からないんで、1日に10食とかしか作らないんだって、お婆さんが言ってたぞ」

「まあ、深夜料金が入ってるとしても、ちょっとこの味で１５００円は高いなあ」

「だな。うん、次からは五目焼きそばにしよう」

がらんとした店の中で、そんなことをおれたちはボソボソと喋りながら、ひどく辛い麻婆豆腐をなんとか腹におさめる努力を続けた。

「あの恵比寿の中華料理屋は、代官山のあの店に溜まってて、腹が減ったときのお約束でしたよね」

「そうだったな。時間があれば目黒のとんき。ないときは、あの中華屋だった」

「あの店の名前はカフェ・フォリオでしたよね」

「看板には四葉のクローバーのマークがあって、その下にイル・クアドリフォリオって書いてあったけど、店名はカフェ・フォリオだった」

「四葉のクローバーと言えばアルファロメオ」

「そんなことを言う人も少なくなってしまったけどな。オーナーが店を出すときに、辛子色のジュリア・クーペ１７５０ＧＴＶに乗ってたんだよ」

ジョー饗庭はおれに連れていかれて代官山のその店に顔を出すようになったのだが、おれは誰かに連れていかれたわけではない。その店のバイトだったたのだ。

大学を4年で修了できずに留年したおれは、家計を慮って学費を自分で稼ぐことにした。そのとき働いたのがカフェ・フォリオだった。夕方5時からの遅番で日曜日以外の週6日その店で1年の間おれは働いた。

店のオーナーは若くて、学年でおれのふたつ上、昼の時間を任されていた人はオーナーの後輩で、おれのひとつ上。もうひとりのバイトは同学年。その4人が全スタッフという店だったから、雇用者と被雇用者といった鹿爪らしい関係ではなく、センパイとコーハイのノリだった。

だから、辞めて家業を継いでからも、夜になるとセリカXXを出動させて顔を出した。隣近所を相手にする商売をしていると、どうしても土着にまみれて生きることになる。そこから一瞬だけ逃げ出して息をつくために通った。親父が死んだときも夜遅くに強引に時間を作ってコーヒーを飲みに行った。家業を畳んで広告代理店に勤めていた間も、そしてこの業界に入ってからも、おれはちょくちょく顔を出していた。

「ちょっとこれを見てくださいよ」

麻婆豆腐をきれいに平らげたジョー饗庭が自動車雑誌を取り出す。何のことだと思っていると、彼は中のページを開くのではなく、裏表紙を指さした。そこにはオレンジ色を地に敷いた上に、黒文字でボディコピーが書かれた広告があった。

「86の広告だろ。これがどうした?」

ひりつく舌を漱ぐお冷の水を注いでもらおうと店員を探しながらおれは答えた。

「エリア86とか言ってるわけですよ。販売店にそういう名前をつけた86専用スペースを作って、86を買ったオーナーに来て貰うんだとか」

「それで?」

「クルマ好きの溜まり場にするとか書いてあるんです」

「まあ色々と考えるわけだトヨタも」

「え。怒らないんですか」

「怒る？　なぜ？」

「だってクルマ好きが溜まるスペースって、あのカフェ・フォリオみたいなところのことでしょう。トヨタがトヨタの販売店の中に86オーナーだけ集めるってシカケが、なぜクルマ好きの溜まり場ってことになるのか」

「……」

おれはどこに消えたか姿が見当たらない店員を探すのを諦め、黙って伝票を取り上げて席を立ち、ジョー饗庭に言った。

「時間あるか？　ここじゃなんだからお茶を飲みに行こう」

おれとジョー饗庭が行くところと言えば他でもない。デニーズである。


機能的にこれを椅子と表現してしまっていいのか悩んでしまうデニーズのベンチシートに収まって、おれたちは深煎りコーヒーを頼んだ。ジョー饗庭は、白い粉砂糖と赤い苺が華々しく散乱したデザートをそれに追加する。メニューを見ると〝魅惑のシューバスケット〟とか書いてある。おれはゲンナリした。

「しかし、なぜトヨタのすることはこうも小賢しくしか見えないんでしょうね」

ジョー饗庭が待ちかねたように口を切る。

おれは小さく息をついてから話し始めた。

「トヨタが考えてることは理解できるんだよ」

「はあ」

「そもそも86って、トヨタの商品構成の中で柱になるようなクルマじゃないだろ」

「まあ確かに。クラウンとかヴィッツとかみたいに、これがコケたら困るってクルマとは違いますね」

「86の月販目標台数は1000台だったかな確か」

「アクアの月販1万2000台とは桁が違うのは当然として、プリウスαだって3000台。その3分の1です」

「まあカムリが500台、レクサスGSが600台だから、この手のクルマにしては強気なのは確かなんだろうけど」

「社長が86計画を推進したとかいう話ですけど」

「そういう美しい話にするに決まってるだろ、いったん出すことが決まったら。でも社長がそうやって本当にリキんだんだとしても、86はこれがコケたら困るという基幹モデルじゃあない。だから主査はトヨタから出したけど開発は富士重工に任せた。富士重工は……」

「株式の17％をトヨタが持っていて、筆頭株主ですね」

「歴代ＭＲ２／ＭＲ－Ｓの開発製造をやってたのはどこか知ってるだろ」

「セントラル自動車ですよね。２０１２年の夏に関東自動車とかと合併しちゃいましたけど。あ、それと同じなのか。トヨタの経営レベルから見た86ってクルマの存在意義は」

「そう考えると、冷静になって眺められるのよ86ってクルマは」


深煎りコーヒーが運ばれてきた。それを口に運んでひと息ついてからおれは続ける。

「たぶんね、トヨタは86とＢＲＺがバカスカ売れてスポーツカーブームが来るなんざこれっぽちも思ってないと思う。それほど甘っちょろい会社じゃないだろあそこは」

「ですね」

「それでも、利に敏いはずのトヨタが出す。ということは、これは一種のアリバイ工作みたいなもんなんだよ。ウチはミニバンばっかじゃなくてクルマ好きのこともちゃんと考えてますっていう」

「狙いは世間の認識を変えること。その裏でアクアとかが売れれば問題なしと」

「ていう風に考えるとだな、86はプロモーション効果が命だってことが分かるだろ。台数はともかく、86が話題になることのほうが大事」

「とりあえず、その効果は既に出てますよね。自動車雑誌は発売前年の秋から86だBRZだと大騒ぎだし、東京モーターショーでも黒山の人だかりだったし」

「で、追撃砲としてエリア86ってのを打ち出した。新車デビューのときばっか話題になって、その後は失速じゃあ困るからな」

「この数年の間トヨタに限らず、出る新型車は軒並み最初だけドカンと話題になって2カ月後には忘れられちゃうって展開がもうお約束になってますからねえ」

「だから販売開始からあとも何か話題を作らなきゃいけない。そこでエリア86だと」

「まあ、そのスペースで展開するネタも色々と用意してあるんでしょうが……。それにしても、『スポーツカー好きが集う大人の溜まり場』とか恥ずかしげもなく麗々と広告に書かれちゃうとねえ」


懐かしい音が深夜の道路に反響した。窓の外を見るとマルーンのS30系フェアレディZが走り去るところだった。そういえば、さっき駐車場に入るとき、出ていく69年式の白いマスタング・マッハ1とすれ違った。近くに米軍住宅を抱えるこの街には、まだそういうクルマが生息している。

「あのな、トヨタの考えたことは正しいんだよ。今、クルマの世界に欠けてるのは場所なんだから」

「場所、ですか」

「単純な話だよ。おれたちはクルマを買えば、そのクルマと自分の間に築かれる時間や関係性で楽しんで満足できる」

「きっとメールマガジン読んでる会員さんたちも同じでしょうね」

「でも普通の人はそうじゃないんだよ。クルマはあくまで楽しむための道具なの手段なの。そのクルマで何をするかが大事なの」

「それって本当の意味でのクルマ好きじゃあないんじゃ……」

おれは焦げ臭い味がするだけのコーヒーを睨んだまましばし考え、そしてこんな風に説明を始めた。

「あのさ、最近になっておれさ、昔弾いてたベースをまたいじって遊ぶようになったのよ。ナマってた身体叩き直すために、結構一生懸命練習してさ。で、家で大きな音は出せないから練習スタジオ入って、ひとりじゃさすがにどうしようもないから閑そうなドラマー誘って」

「ふたりだけですか」

「そう。ドンパンドドパンの太鼓に合わせてブンブンとかバコベキとか音出すだけ。それだけでいいの」

「ギター入れようとか、ライブやる計画とかはないんですか」

「全然ない。色んな曲のリズムをふたりで、あーでもない、こーでもない、それでおれは楽しいの」

「でも普通はライブやるとか曲をレコーディングするとか目標がないと、わざわざ練習スタジオ入りませんよね。プロじゃないんだから」

「そうやってるうちに、今持ってるジャズベースと別のプレシジョンてのが欲しくなってきて、この前20年ぶりに楽器屋に行って、試奏までして、あやうく買いそうになっちゃった。たぶん来週あたりに買っちまう気がする」

「はあ。ただスタジオで音出すだけのためにですか」

「おれはそれでいい。でも普通の人は君が言うように、ライブやるとか目的があるから楽器を買って練習する。それと同じ。普通の人は、クルマも何かをするために買うんだよ」

「だから、トヨタが何かをする目的までお客に与えてやると」

「そこまで手取り足取りやらないと駄目だと思ってるんだろうな」

「ワンメイクレースもやるようですけど」

「そういう荒事までやっちゃう人は別に放っといていいの。教わらないでも楽しみかたを知ってる人たちだから」

「86じゃなくてヴィッツでも何でも、自分でどんどんやっちゃうでしょうね、そういう人たちは」

「どうせ車種限定レースを主宰するなら、スバルBRZ買った陣営と交流戦とか対抗戦やれば盛り上がるのにな」

「やらないでしょうねえ。86がBRZに負けると富士重工の筆頭株主としてのメンツが丸潰れになりますから」

「ま、それはともかく、レースやるとどうしても勝ち負けがあるから尖鋭的になって、広がるどころかどんどん間口が狭まっていく」

「尻込みする人の割合のほうが圧倒的に多いでしょうね」

「そういう大多数の普通の人のために、86に乗っていく先を作ってあげる。溜まる場所を作ってあげる」

「それは正しい、と」


今度はジョー饗庭が溜息をついた。生まれた一瞬の空白を待っていたかのように〝魅惑のシューバスケット〟が運ばれてきた。オッサンふたりの席には激しく似つかわしくないそのファンシーな見た目に、おれは毒気を抜かれた。


「今の商品てさ、クルマに限らず、誰でも分かる利便性が命なのよ。小さなスマホで音楽聴けてネットにアクセスできて電話にもなってナビにもなる。だからいい、だから買うんだって話になってる。スティーブ・ジョブズがｉＰｈｏｎｅを作った理由は、たぶんそれじゃないのにな」

「こういうものがあったら面白いだろうとか、使ってたらカッコいいだろうなとか、そういうのが原点な気がしますね。ｉＰａｄなんかもそうですよね。アップルの商品は、だからでしょうか、これがあったら役に立つし普通つけるだろって機能が平気で欠落してたりする」

「だから最初にアップルの新製品を買う人は利便性じゃないのよ。それが気に入った。欲しい。

買う。でも今、電車の中でスマホいじっている人の大部分は利便性で買ってる。何ができるかが買う目的なんだよ」

「で86買ったら土日にエリア86に溜まれます、クルマの話ができて楽しいですよと。うーん、なんか違うよなあ」

「そう。違うんだよ。場所を作ったことは正しいけど、エリア86は正しくない」

「あのカフェ・フォリオは楽しかったけど、エリア86は別に楽しくなさそうです。何が違うんでしょ」

「じゃあ話そうか。ちょっと長くなるけどいいか？」

「デニーズに来た時点で覚悟してましたよ」

「そうか。あの店はな……」

こうしていつものように丑三つ時と相成り、おれは昔話を始めた――。


「あの店はね、代官山っていう場所がよかったんだよ」

「お洒落な街ですよね」

「てことに当時からなってたけど、実態は少し違ってて、賑やかなのは土日だけだった」

今でもそうらしいが、代官山という場所は、名前とイメージばかりが先行して、実体経済が伴わない街である。まず、集客力がある娯楽施設が実はない。といって大きな会社もない。だからお金も動かない。その証拠にバブル期の一瞬を除けば銀行ＡＴＭすらなく、よく小銭が足らなくなって、恵比寿まで両替に行ったものだ。お洒落な感じがするから洋服屋が店を出したがる。しかし、いつの間にか消えていく。２年持てば老舗。そう言われる代官山は街だった。高級なレストランやバーは、少数のお客がつけばやっていけるから、そういう店だけは長続きした。結果として、代官山は大人がデートで高いメシを食いに来るか、さもなければひとりで来るような静かな街になっていた。それは賑やかで猥雑な渋谷の裏にひっそりと佇む、そういう街だった。今でも結局そうだ。

ただし、クルマづけはよかった。山手通りと明治通りを結ぶ抜け道になってしまう昼間はともかく、夜になると用のない人間はあの街には来ない。クルマを走らせやすく停めやすい。

しかも、１９８０年代の終わり頃までは、旧山手通りと交差するメインストリートの八幡通りには、歩道と車道の間にガードレールがなかった。だから左ハンドルのクルマを路駐しても楽に乗り降りができた。夜になると外国製のクルマや古いスポーツカーが八幡通りに集まってきたのは、そのおかげもあったのかもしれない。

「ああ、なんか分かります。カッコいい派手なスポーツカーかなんか乗ってきて、ガードレールとの隙間で身をよじって出入りするって、絵がよろしくないですよね。ガードレールがなければ立ち振る舞いがスマートに済ませられます」

「ただ、初夏にかけては、街路樹のプラタナスから樹液が落ちるんで、停めとくと樹液が点々とボディに飛び散って困ったな。そのまま2〜3日も放っておくと固まってしまって水洗いくらいじゃ落ちなくなるんだよ」

そのころは、まだGPZ900Rニンジャに憧れる中坊だったはずのジョー饗庭が言う。

「そんな街にクアドリフォリオの看板のカフェ。そりゃクルマ好きが集まりますよね」

そうではなかった。カフェ・フォリオは、あくまで珈琲屋だった。クルマ好きを主顧客に狙った店じゃなかった。外から見て、その匂いがするのはクアドリフォリオ印の小さな看板だけ。店の中も、クルマを想起させる目立った飾り付けはなく、レースを走るアルファロメオP2か何かを描いた石板画の額とミニカーが少しあったくらいで、あとはロイヤルコペンハーゲンやウェッジウッドの陶器製の装飾品のほうが多かった。

そもそも、おれは珈琲屋さんだったからバイトに入ったのだ。

カフェ・フォリオは、1年やそれ以上の間、寝かしてシーズニングした豆をフレンチローストくらいに深く煎ったものを使い、これをネルドリップで落とした濃厚なコーヒーを看板にしている店だった。おれは菓子屋の息子に生まれた性なのか、そういうコーヒーの落としかたを学びたかった。ただホールで注文を取って運ぶだけでなく、カウンターの中でコーヒーを淹れる作業もやれる可能性がある店で働きたかったのだ。カフェ・フォリオのオーナーは、決して饒舌なタイプではなく、サービス業としての在りかたには厳しい人だったが、頑固な職人風に依怙地というわけではなく、やる気があるならそれもやらせてあげてもいいというので、お願いします雇ってくださいという次第になったのだ。

そんな街にある、そんな珈琲屋さんだったから、カフェ・フォリオには色々な人が来た。

おれは平日の夕方から23時の閉店までの遅番だった。その時刻によく顔を見せていたお客さんは、東京という都市を落ち着いて遊ぶような人が多かった。

都心に商業ビルを何棟か持っているらしいおじさんは、昼間は芝の打ちっぱなしに行って、晩飯を食べた帰りによく来ていた。おじさんといっても今のおれよりずっと若い年だったはずだが、大学生だったおれには遥か遠いオトナに見えたのだ。

近所に事務所を構えている工業デザイナーさんや服飾デザイナーさんといったカタカナ仕事の人たちは、仕事の合間に、そして終えて自宅に帰る前に顔を見せた。

カタカナ仕事と言えば、イラストレーターのＢＯＷさんも来ていた。カウンターに座って仲間と話しながら書くＧＴ40やスーパーセブンの絵は、カーマガジンの表紙に描く絵と違って、パースといいタッチといい、ずいぶんラフで何倍も味があって、おれは大好きだった。まさか後年、そのカーマガジンで仕事をご一緒させてもらうようになるとは、あのころは露ほども思っていなかった。人生は不思議である。

芸能人や有名人も来た。のちにトレンディドラマで盛名を馳せたある女優さんは、よくカウンターの端に座って何時間も台本を読んでいた。化粧をせず髪型も後ろで縛っただけだったから、他のお客さんはほとんど気がつかなかったし、稀に気がつく人がいても、そこは東京人のマナーで、厚かましく話しかけるような卑俗な振る舞いは誰もしなかった。コーヒーをお代わりしながら何時間以上も台本に入り込んで顔も上げない彼女の姿を見て、これがプロの俳優なのだなと思った。

20年近く前のことだから許してもらって、ひとりだけ名前を上げてしまおう。藤岡弘、さんだ。どんな有名人が来ても、バイト風情とはいえサービス業の本分を守って、こちらは絶対態度には出さない。出さないまま、よく存じておりますと顔には書いて接客するのである。だが、この人にだけはそれが簡単にはできなかった。なにせライダーごっこにライダースナックの小学生時代を送った身である。懸命に気持ちを抑えた。そして、なんとか普通にコーヒーを出してお勘定を頂いた。お釣りを渡しながら、ありがとうございますと頭を下げる。そのときだ。満面の笑みでニッコリして藤岡さんは「ありがとう!」とあの彫琢の深い声で言った。脳裏に深々と刻まれている本郷猛そのままだった。ああ、この人はいつでもどんなときも例え珈琲屋のバイト相手でも仮面ライダーなのだと思った。おもいきり感動した。

「そうだったんですか。場所柄、そういう人たちも来たんだ。でもクルマのラインナップも凄かったんでしょう確か」

「今でも覚えてるのは、有名な美容院を経営している人が、納車されたばかりのフェラーリ512BBを乗ってきたときだった。他のお客さんが引けたのを見計らって見に行ったんだけど、店の看板を照らす白熱灯に映えて、あのロッソコルサが震えるほど艶やかで鮮やかで、BBの姿態が女神さまか何かのように神々しく見えた」

「あのころのフェラーリBBといったら、今のエンツォ以上の存在感だったでしょう」

「そりゃもう。その日おれは自分のクルマに乗って来てたんだけど、セリカXXが事故って潰れたガラクタに見えて、乗って帰るのがほとほと嫌になった。こういう物体が道端に停まってていいのかと、そう思うくらい512BBは別世界の物体に見えた」

「あのころのフェラーリはそうでしたね。今の458イタリアはカッコいいけど、ああいう隔絶感はない」

「このお客さんは、出たばかりのマセラティ・ビトゥルボをアシとして買って、これにも愕然とした。外装は正直言ってS110系のシルビアみてえだなと思ったんだが、内装に魂消た。まだアルカンタラと革のコンビになる前で、ミッソーニのテキスタイルで張ってあるのよ。こういうものが自動車の内装でいいのかと思った」

そういうお客さんたちの乗ってたクルマは店の中からは見えなかった。カフェ・フォリオは地下の店だったのだ。だから、お客さんが自分で言わないと、どんなクルマが前に停まっているのかは分からない。そして、皆都会人だから、自分からは言わない。クルマはクルマ。コーヒー飲みながらする会話は会話。そうやって楽しんでいた。

「といってもクルマの話はするわけですよね好きな人は」

店にはカーグラフィックが置いてあったから、クルマ好きの人はそれをカウンターでページを繰りながら話をしていた。

「面白かったのはビルオーナーのお客さんの話だった。この人は、マセラティ・ギブリをシーサイドモーターで2台買ったという経歴を持ってて、大学にギブリで通ってたらしい」

「ひえぇぇ、ギブリで。ギブリっていっても初代のジウジアーロのやつですよね。それを現行モデルのときに買ってたのか。で通学……」

「だからもう想像できないわけよ。だって、おれのころでさえ、大学がバンカラ校風だったこともあってソアラ２８００ＧＴで学校来ても十分スーパースターだもの。今で言ったら、そうだなあ、ヘリコプターで学校に乗りつけるくらいの感じなのかな」

「今のグランスポーツで学校通ったってスーパースターでしょうけどねえ」

「最初のギブリは、デート中に座って話してたら、なんかベンチレーターダクトの向こう側が明るいんだって。おかしいな、そこに灯りはないはずだったけどと思ったら火事だったと」

「燃えたわけですね。往年のイタリア製高性能車のお約束」

「で、頭来て新車のギブリを買い直したんだって。バッテリーの配線とか、トラブったところがちゃんと対策してあったってさ。意外に真面目にやってるんだと思ったそうだ」

「もう、お伽噺ですね、凄すぎて」

「でも、そういう話は自分からは絶対しないの。こちらから水を向けたときに、気が向くと話してくれるくらい。なにせ、おれが店で話を伺ってたころはもう、この人はクラウンに乗って来てた。みんなクラウンを馬鹿にするけど、オヤジになった自分にはクラウンのあのオヤジ臭さがちょうどしっくりいくんだよ、とか言って」

「もう枯淡の境地ですね」

こういう雲の上の世界の人たちばかりじゃなかった。古いクルマが好きな人たちのほうが多かったような印象がある。土曜日に必ずビッグ・ヒーレーで来る人。トライアンフTR3の人。このあたりの人たちは、皆BOWさんの仲間で、だから英米どっちもOKだった。例えばTR3の人は、63年式のC2コルベット・スティングレイに買い替えていた。

「その方は知ってます。昔、見習いでやってた仕事でお目にかかったことがあります」

「結局、おれが今こんなことしてるのは、あの人のおかげなんだよなあ」

「業界に引っ張り込まれたんでしたっけ」

「知り合ったのはもうバイトでも和菓子屋でもなくて、広告屋になってたときでね、最初は、倉庫を改造して古い欧州車がらみのもろもろを内装のテーマに使ったクラブが高井戸にできたんで連れてってもらったりとかして遊んでただけだった。そうするうちに、聞いたら制作やってるというんで、まずおれのほうが広告の仕事をお願いしたのよ。で、広告屋やめて無職でブラブラしてたら、今度自動車雑誌やることになったから遊んでないで手伝ってくれって」

「カフェ・フォリオは一種の異業種交流会としても機能していたということなんですかね」

「そういうバブル期のヤンエグ野郎みたいな小賢しい話じゃないんだよ。コーヒー飲んで座って話してるでしょ。で、誰かが何かの遊びを思いついて、じゃあ行こうってことになる。別に誰も懐に大金が唸ってるわけじゃなくて、おれが奢るから行こうとかいう金にあかした遊びじゃない。馬鹿馬鹿しいけど、面白そうな、ちょっとした遊び」

「例えば？」

「超変則ル・マン式スタートってのがあってね」

「なんですかそれ」

「誰かが三浦半島の先のほうに面白いダイナーができたんだとか言う。じゃあ、皆でそこへ行こうとかいう話になる。でも、その前に、近くのラーメン屋の前にみんなのクルマ並べて店に入って、丼の遥か上空30㎝くらいに具が積み上がった名物の大盛りラーメンを一斉に食う。それを完食した順にクルマに乗ってスタートする」

「クルマの性能や飛ばしかたとあんまし関係なくバトルが楽しめるわけですね」

「こういうのって、遊び場所や世の中の知識とノウハウとアイデア、そしてプレゼンテーション能力がないとできない遊びなのよ。こういうことをやってると、その人の頭の中身や性格のことがよく分かる。その結果、仕事してみないかという話になったり、誰かに紹介したりということになることが、たまにある。最初からオイシイことを期待してるような貧しい頭では、こういう遊びかたはできないんだよ」

「で、そうやって大盛りラーメン食ってクルマ走らせてて、気がついたらいつの間にか自動車評論家と」
「ほんとに人生って分かんねえよなあ」

カフェ・フォリオに来る人たちは、スポーツカー方面が多かったけれど、中にはサルーンを楽しむ人もいた。店舗企画と内装をやってたデザイナーさんは、ロールス・ロイスが大好きで、シルバークラウドに同乗させてもらったことがある。ホテルに乗りつけるとかして居丈高にロールスを誇示するわけではない。夜の都内を淡々と40km／hで走るのである。その静かな時間が楽しいのだと言っていた。ただ、周りのクルマは思いっきり避けて間を空けて恐々と走ってたような気がしたけれど。

だが、看板に四葉のクローバーを抱くカフェ・フォリオだから、もちろん一番多かったのはイタリア勢だった。
オーナーが１７５０ＧＴＶを買ったイタリア車専門の中古車屋さんで、昼を任されていた従業員の人が1.8のジュリエッタを買った。そのあたりからアルファロメオ勢が芋づる式に増殖していった。往時の欧州ツーリングカー選手権グループ2規定のチューニングパーツをぶち込んで、あのロングストローク直4DOHCを8000rpmまで軽々と回してしまう2000GTVがいた。1.2の初期型と1.5の最終型の両方のスッドがいた。コーナーでは無敵だった。加速の爆発力では無敵のウーノ・ターボという暴れん坊もいた。アルフェッタもクーペとセダンの両方がいた。

やる気満々のアルファやフィアットを卒業して、もっとジェントルなランチアに行く人もいた。βクーペとかプリズマとかテーマとか、あのころはアルファやアバルトから入門したイタリア車好きが、少し落ち着いてクルマを楽しもうとしたときに受け皿になるランチアが元気だったのだ。

その世界に巻き込まれて、おれもジュリエッタ2.0を買い、1年後にそれを初期型スパイダーに買い替えることになる——。

「なんかバブル期ゆえの勢いがあったからって気もしますけど。バブルに乗り遅れた世代としては、そんな結構な昔の話を聞いても、今の自分には関係ないなって気持ちも巻き起こりがちで」

「確かに途中からはバブルの勢いがあったことは認める。でも、エリア86との根本的な違いはそれとは関係ないんだ」

「と言いますと?」

「要は、開かれてるかどうかってこと」

カフェ・フォリオは、あくまで珈琲屋だった。だから、来るお客さんは、クルマ好きかどうかの前に、コーヒー好きか喫茶店好きだった。オープンカウンターだったから。そこで話をするのが好きな人が多かった。

あそこではクルマには関係ない、例えば音楽やファッションの話も飛び交っていた。

おれも、午後3時出勤の水曜日にはセリカXXで来て、帰りに全国のディスコに通販しているという六本木のウィナーズという輸入盤屋さんに寄って、目ぼしい新譜を探したりした。翌日、そっち方面が好きなお客さんだけしかいないときにオーナーに内緒でかけたりした。昔、ムゲンやビブロスで鳴らしたステップを披露してくれる元遊び人さんもいた。フラメンコギターを弾くという常連さんのためにパコ・デ・ルシアのLPを持ってきてかけたりした。近所のセレクトショップの店長さんが話してくれるファッショントレンドのことも面白かった。あのころ音楽とクルマと服飾は若者の、または若くいたいと思う人間の三大必修科目だったから、そのどれかを選べば、たいがいのお客さんと話が通じた。〈クルマ好きの〉などと枠を嵌めてコロニーにならならなかった。クルマの話がしたくなければ、他のことを喋っていればよかった。そうやって自由で開かれたところが、あの店の面白さになっていたのだと思う。

クルマのことに限ってもそうだ。オーセンティックな英国車好きもいたし、イタリア車にしても古いアルファに走る人もいれば、新しい164もいた。最初に1.8のジュリエッタを買った従業員の人は、その後、一念発起して新車並行でデルタ・インテグラーレ16vを買った。のちにガレーヂ伊太利屋が入れた正規物の16vは、無理矢理クーラーを押し込んでいたけれど、出たばかりのときはクーラー装着は不可能とされていた。それを承知だった。そして何をやってもアクセルを踏んだ途端に曲がらなくなるギャランVR－4を蹴散らして、あのときインテグラーレ16vは旋回機動最強の4WDだった。

日本車もいた。ベレットGTやTE27系レビン&トレノという回顧系の王道もいたし、店の前に停まっているインテグラーレに対抗すべくセリカGT－FOURを買った若い子もいた。

ベンツ450SEL6.9もジャガーXJもいた。オーナーは1750GTVのあとにエランを買って、それをアルピーヌA110に買い替えた。ナローの911Sもいたし928もいた。BMWならE21系やE30系の3シリーズはもちろん、3.0CSまでいた。3.0CSを買ったばかりで店に来て、帰ろうとしたらプロペラシャフトが落ちて頭に来たその持ち主は、脆弱な古いのが嫌になってボルボ党になった。

そんな風に、クルマの国籍や新旧や種類で垣根を作らなかった。自分の好きなクルマはこれと皆ちゃんと決めていて、でも人が好きなものは尊重して、そのよさを讃える話を聞いて、そんな世界もあるのかと心に留めた。意気投合して信頼ができあがれば、じゃあ少し乗ってみますかという話にもなった。

「乗せてもらったことあるんですか?」

「さすがにバイト時代はあるわけがない。ジュリエッタやスパイダーを買ってからだけど」

「真っ先に思い出すのは?」

「件の63年式スティングレイを運転させてもらったときのことかな。ハーストのT字型シフターが付いていてギアスロットがとても分かりにくかったんだよそのクルマ。そのせいで1速だと思い込んで3速で発進しちまった」

「発進できたんですか。それも凄い」

「1.4tの車体にアイドル近辺でもトルク25kgmとか出す327立方インチV8だからな。おかげでスティングレイは何事もなかったかのように発進した。だが、ちょうどそこを通りかかった本牧育ちの筋金入りのアメ車愛好家のオジサンに見破られてしまったのよ。『おーい3速だぞそれ！　わっはっは』」

「音で見破ったんですね」

「ちょうど晴れた日曜日の真っ昼間の八幡通りだったのよ。大勢の人が歩いていて、こっちを見て笑った。恥ずかしかったぞ」

「国別やメーカー別に孤立せずに、そうやって交流があったと」

「互いの趣味嗜好を尊重して、未知の世界を垣間見れたから、世界観が依怙地にならずに済んだ」

「クルマを楽しむ幅が広がったんですね」

「そんな風だったから派閥ができなかったんだ」

クルマの集まりで嫌な思いをする原因の多くはそこにある。

同じメイク、同じ車種で集まると、必ずそこに階層ができてしまう。貴重な車種ほど、高価で高性能なモデルほど、また激しく改造したクルマほど注目を集める。浮世の軋轢を忘れて楽しみたいから浸るクルマの趣味のはずなのに、そこに上下が発生する。いつしか、お山の大将と取り巻きという構図が生まれる。この構図は、政治家の集団に似て、最大勢力は時が経てば分裂し、分裂した集団は派閥となり、互いを嫌悪して抗争を繰り広げる。必然的に上下関係が生まれて勢力争いが起きる仕事の世界を、わざわざここでも味わうことになる。こんな馬鹿馬鹿しいことはない。


「エリア86は見事なまでに、そちらに一直線に向かいそうな構造ですね」

「集まるのはクルマ好きだけどころか、86のオーナーだけ。新車を買った人どうしで何を話すんだろうな。思いつくのは、改造のことだけだな。自分はこれをやった。あれを付けた。改造したぶんだけ威張れる。みんな競ってイジる。カネ使う」

「もしかしてそれは思う壺なのかもしれませんね」

「ゴウツクなショップがやっている品のない金儲けと同じことを大トヨタのディーラーの一角でやろうってのか。まさか」

改造度で負けた者は面白くないから来なくなるだろう。エリア86は際限ない改造合戦の戦場になり、勝ち残った数人だけが幅を利かせて、余人は寄り付かなくなり、あとはペンペン草も生えない枯野になる。クルマを買った人が等しく楽しめる場所という大前提が崩壊する。閉じたものになった人間の集まりは必ずこうなるのだ。

開かれた場所であったカフェ・フォリオが、全て麗しい世界だったと言いたいわけではない。そこは社会というカオスに向かって開かれていたから、カオスとの接点にもなった。

例えば、カッコよく店の前にクルマを停めれば、路駐の取り締まりに遭うこともある。店を出たら自分のクルマは影も形もなく、代わりに路面に白いチョークという事態は度々起こった。おれなぞ猿楽町交番詰めの巡査と顔馴染みになってしまった。

「まだ減点1点と罰金1万円の時代でよかったですね。2点の時代だったら免停一直線ですね」
「ほら、おれの場合、減点は駐禁だけじゃなかったし」
「あー。なるほど」

「罰金で済めばまだいいほうだった。スパイダーを停めてて、植木鉢を投げつけられていたことがあったんだ」

「本当ですか」

「今でもあのスパイダーの可愛想な姿は思い出せるぞ。サイドミラーが折れて、ドアパネルがベッコリ凹んで、サイドガラスも擦り傷がついてた」

「酷いことをする奴がいたんですねえ」


カッコつけた気障なクルマや高そうなクルマが停まっていれば、羨ましがりやっかむ奴が必ずいる。その心情は貧しいし、あげく物理的な危害を加えるに至っては言語道断で、そういう奴は反撃に遭って半殺しにされても文句は言えないとは思う。

しかし、そういう奴は必ず世の中に存在するのだ。やられたあとに正論をブチ上げて見えない犯人を空に向かって糾弾し罵っても意味はないのだ。やられたくなければ路駐なぞせずに、駐車場に停めればいい。それでも危険はゼロではないから、ゼロにしたくばクルマで来ないで電車で来ればいい。カッコをつけるということは、そういうヤバい奴が隠れている社会というカオスの中で、わざわざ踏み台に昇って目立つということでもある。歩いていて髪型だけが理由で殴られたり、駅で降りた途端にカツアゲされたりした時代と場所で育ったおれは、それを知っている。嫌なら身をすくめればいい。カッコいいクルマに乗って粋がらなければいい。それでもしたければ、カオスがもたらす危険を覚悟でするしかない。

読書や音楽鑑賞などと違って、社会の中で生息するクルマという物体を楽しみとするならば、こういうことまで覚悟しなければならないのだ。

「かといってサーキットにこもるのは、楽しみをえらく限定することになりますよねえ」

「それは間違いなく実体験ではあるけれど、社会とは繋がりのない閉じた世界という意味ではプレステで走るのと変わらないからね」

「だったら、いっそ純レーシングカー買ったほうが話はストレートな気がします」

「市販車の楽しみは、基本的にカオスでもある社会の中で得られるものだから」

「まあエリア86に行けば、駐車場はディーラーの敷地内だから駐禁や悪戯はないでしょうけど」

「でもエリア86内で遭う他のお客はカオスの一部だぞ」

「それをトヨタの担当ディーラーマンはどうやって制御するんでしょうね」

「ESPよりも何億倍も難しい仕事だぞそれは」

お客どうしの摩擦と言えばバイト時代のこんなことを思い出した。

「軽く酔ってやって来たお客さんが、ピアッツァの悪口を並べ始めたんだ」

「だいたい分かります。ありゃあ恰好は凄いが、中身はフローリアンだとかいう例のやつでしょう」

「なんだが、酔いも手伝って出てくる台詞は快調に過給圧を上げ、罵詈讒謗の域に達しちゃったわけよ」

「ありがちかもしれない」

「ところが、その酔客さんが帰ったあと、カウンターの隅にいた別のお客さんが帰り際にお釣を受け取りながらポツリと言った。『私、ピアッツァ乗ってるんです』」

「ウッ。その人が紳士だったからよかったんですね」

「そうでなかったら間違いなく血を見ていただろう。そういうピアッツァへの罵倒だったから」

きっとエリア86の中で、86オーナーどうしで罵り合うようなことはないだろう。しかし代わりに、そこで生まれる会話は「貴方も好きなんですね」程度のヌルい会話か、あるいは改造自慢合戦のどちらかで、これではウェブ上で仲良しグループだけで褒め合いコメントを交換したり、お山の大将のブログに周りに群れたりするのと何も変わらない。2ちゃんねるのような無法地帯は勘弁となって、そういう閉じた小集団が散在する世界になったのはよく知っているが、どちらも未来が広がることはない徒労には変わりなく、いい歳した人間が何年も楽しみ続けられる世界ではない。

その中間点としてエリア86という場所をリアルで作ろうとするトヨタは間違ってはいない。だが、場所は開かれていないと意味はないのだ。

「なるほどねえ。聞けば聞くほどエリア86に行きたくなくなってきました。そして思ったのは、カフェ・フォリオって沢村慎太朗の転機になった場所だったんじゃないかってことです。あそこでバイトしなかったら、今こんなことしていないでしょう」

「間違いなくそうだろうなあ。今思うと、おれのクルマに関する部分は3部構成だったのよ。免許取ったばっかかの最初の環境は、ダルマセリカをギッてきてバネ切ってシャコタンていう世界。1500㎞のナラシ終えたら、いきなり全開する馬鹿ガキの時代。次がカフェ・フォリオで見て体験した世界だな」

「そこでクルマに関する視野が大きく広がった」

「もうそれはコップの中から太平洋ってくらい広がった。性能なんかの物理工学的なものはもちろん、趣味性とか味とかの視野が開けた。ジャパンしかも一部特定エリアからグローバル化へ」

「その次は、この業界の時代ですか？」

「いや正確に言うと、編集の仕事を始めたあとフェラーリを買ってからだね。野郎があまりにもちゃんと走りやがらないので、なぜなのか知りたくなって自動車工学を一から勉強し直した。勉強しながら走らせて、その結果をまた勉強して洗い直した。その繰り返し。今でも、おれはそういう作業の続きをしている気がする。ある意味では、おれはアマチュアのままなのかもしれない」

「そういえば、いつ頃からフェラーリを買いたいと思ってたんですか？」

「実は、カフェ・フォリオでバイトしてたときなんだよ。その月のカーグラフィックが配達されてきた。そのCGの小特集にコーンズが正規で入れることになった308GTSクアトロバルボーレの試乗記があったんだ。今思うとUS仕様エンジンのダルいクルマなんだけど、赤い308GTSの写真が即死するほどカッコいいと思った。明け方の繁華街で撮った後ろ姿のエンドカットが中でも震えるほど素敵だった」

「それってBB512見たあとですか」

「そう。でもBBは神々しすぎた。でも308GTSは、おれのクルマだと思った。そして、いつか買おうと思った」

「そのために死ぬほど働こうと思って広告屋さんに行ったとか?」

「全然。おれはそういう克己的で積み上げ型の努力ができる人間じゃないもの。ただ、買おうと決めただけ」

「それで買えた」

「買ったあとに60回払いローンで死んだけどな」

「その原点はカフェ・フォリオで見たカーグラフィックにあったと」

「そういうことになる」


かつて代官山にあったカフェ・フォリオという珈琲屋。そこはクルマ好きが立ち寄って楽しめる開かれた楽園だった。

そのカフェ・フォリオは、オーナーが数年前に身を引いて、名前は同じまま別の人が経営している。
おれは、それ以来そこに行っていない。

（ＦＭＯ　２０１２年３月13日号／午前零時の自動車評論３収録）

特別対談　沢村慎太朗×齋藤浩之（ＥＮＧＩＮＥ編集部 副編集長）

沢村慎太朗 誕生

斎藤：ある日突然、彗星の如く沢村慎太朗という人が業界に現れて、話題になったのよ。「いったいこの人は誰なの」ってみんなで言ってた。
沢村：全然、知らなかったです。
斎藤：話題になってたのに、誰に訊いても知らなかったのよ。
沢村：斎藤さんは新卒で二玄社に勤めていきなり自動車ジャーナリズムの世界に入っていたけど、おれは10年以上遅れて途中から「すいません」って割り込んできた闖入者でしたから。それがカーマガジンやオートカー・ジャパンで斎藤さんと同じ釜の飯を食うことになる。それ自体が今思うと不思議な成り行きですよねえ。
斎藤：歳は沢村さんがひとつ上でしたっけ。お父さんは何年生まれ？
沢村：昭和3年生まれ。だから予科練に入ってるんですよ。
斎藤：昭和3年！
沢村：教育勅語を読まされて、周りもみんな何の疑問もなく戦争で死ぬと思っていた世代ですね。母親は昭和11年で、小学校のとき集団疎開で山形にいて、爆撃機の掩護で来てたグラマンに機銃掃射を受けたって。パイロットの顔が見えるんだよとか言ってました。
斎藤：昭和11年かあ。親の世代はちょっと上なんだな。うちはお袋が昭和7年で、もう亡くなったけど親父が昭和12年だから、父親の年齢は9つ違うのか。ご実家は下町の和菓子屋さんだって言ってたよね？
沢村：じいさんが煎餅屋を創業して、結構大きな店だったらしいんですよ。だけど戦争になったら餅米なんか統制されるじゃないですか。しょうがないから店を潰して。

齋藤：おじいさんが自分で潰したわけ？

沢村：そう。店をたたんで茨城から引っ込んで戦争を乗り切って。終戦後に御徒町で店を再開するんだけど、そのときに、もう煎餅じゃないだろうと。戦後は甘いもんがないから、これからは甘いもんだって言い出して、和菓子に変えたんですよ。だから、店自体はおれで3代目なんだけど、和菓子屋では2代目。

齋藤：お父さんの代で甘いものになったんだ。

沢村：その後じいさんとばあさんが離婚して、それからはばあさんが和菓子屋をやってました。復員した親父は、戦争帰りはわりと楽に入学できたんで、いったん大学へ行ったんですけど、でも和菓子屋に。なんでも店を再開するときの借金があったらしくて。

齋藤：おばあさんを手伝っていたわけだ。

沢村：親父は下に弟がいたから、学費を出したりしなきゃならなかったし。

齋藤：長男はみんなそうだよね、あの時代は。

沢村：あの時代と言えば、親父の車歴が典型的なんですよ。初めはチャリで配達していたのが、そのうちカブみたいな原付きになって。次に3輪のミゼットになって、パブリカになって、ブルーバードになるっていう、日本のモータリゼーションを絵に描いたような車歴。

齋藤：そうなんだ。

沢村：基本的にクルマが好きな世代ですよね。

齋藤：好きだったと思うよ、当時はみんな。
沢村：親父はもともと予科練に入って戦闘機に乗ってたから、クルマも速いのが好きだったみたい。最後はセリカXXなんか買ってました。
齋藤：お父さんが？
沢村：そう。ハッチバックだから餡鉢や番重が積めるとか言って（笑）。息子が引き継いでフェラーリに乗って、親子2代で車歴を完遂したと。
齋藤：お父さんがそういう人だったら息子も男の子だからクルマ好きになるでしょ。クルマ好きを自覚したのは何歳くらいのときですか。小学生？　もっと下？
沢村：中学生になったころにスーパーカーブームてのがあったじゃないですか。
齋藤：あったあった。
沢村：でも、こっちはもう中学生になっていたから、すんでのところでカスリもしなかった。私立の中学だったんで、部活でブラスバンドやったりとか、文化祭で近所の女子校の娘と友達になるとか（笑）、他に興味があった。
齋藤：都会はそうだよなあ。
沢村：それにあのころは〝三ない運動〟てのがあって、絶対にバイクには乗らせるなって世の中だったし。
齋藤：そうそう。僕のいた宮城でもそうだった。
沢村：だからクルマに興味を持ったのは、それこそ免許を取れるようになってからですよ。17になって、そろそろ来年、免許を取りに行くんだってみんな言い出して、それからです。
齋藤：そうなんだ。

沢村：友達が寿司屋だったり鰻屋だったり、家が商売をしている奴ばかりだから、そこへ遊びに行くと職人さんの先輩が住み込みでいて、矢沢永吉のポスターが貼ってあって例のタオルが掛けてあって、ダルマのセリカをシャコタンにして乗ってたりして。あのころの暴走族は本当に暴走してたんで運転が巧いんですよ。

齋藤：宮城の田舎でもそうだった。

沢村：土曜日の集会が終わって3時頃に帰ってきた先輩たちにクルマの話を聞いてました。免許を取ってからは、今日はバックスピンターン教えてやっからって連れ出してくれたりね。自動車雑誌を読んでいる自動車少年じゃなく、リアルなクルマといきなり付き合ったんですよ。

齋藤：ほー。それが普通？

沢村：おれの周りはそれが普通でしたねえ。普通に先輩が暴走族で。

齋藤：でも、身近な先輩が暴走族とかヤンキーな人（笑）でも、沢村さんは私立の中高から大学へ行ったわけでしょ？　それも普通でした？

沢村：親父が、おれは狭い世界で淡々と地道に生きるにゃ向いてないと思ったらしく（笑）。それに学費が安いので有名な中学高校だったし。

齋藤：そこから大学に入るわけだ。

沢村：エスカレーターで何の努力もせず（笑）。すると世界が一変した。ほら70年代から80年代に入った途端ガラッと時代が変わったじゃないですか。クルマでもケンメリはもう違うだろ、今はゴルフだGTIだ。でも高くて買えないから、じゃあファミリアだってね。急にシティライフな時代になるわけですよ。なのでおれもシティボーイに変身してセリカXXに(笑)。

齋藤：セリカXXを？　学生のときに？

沢村：19のときに親父が欲しいとか言い出して。ブルーバードを下取りに出しても金が足りないって言うんで、じゃあおれが足すからとバイトをして。でも金看板の2800GTは年間8万円の自動車税を払えるわけないんで、2000にしようってことになって。

齋藤：柔らかい線のやつ？

沢村：3代目の、コーリン・チャップマンをCMに出してたやつ。まんまと騙された(笑)。

齋藤：ああ、四角いやつね。

沢村：2000のエンジンはSOHCの1G－EUだけど、まあいいかって。ただ1Gにはリミッターがないんでメーター180km／hオーバーは出たんですよこれが。んで、輸出仕様のドアミラー付けたら最高速が5km／h落ちた。

齋藤：そういう話になるんだ。

沢村：恰好よさそうだからって185のタイヤを65扁平の195に替えてみたら、走行抵抗でさらに5km／h落ちたとか。リトラクタブルライトを上げると最高速付近でフロントが浮くとか。所謂クルマの理屈を本じゃなくて身体で覚えたクチですね。友達がスポイラーを買えないから自作して、付けてみたら前が浮いて怖えとか、とりあえずバネ切ってシャコタンにしてみたら乗り心地が終わったとか。そういう稚拙なレベルだけど、理屈より体感で色んなこと覚えました。周りの環境もそういう感じだったんで。齋藤さんは自動車少年だったんですか?
齋藤:僕は小学4年生から自動車雑誌を買ってたかな。でもいちばん最初にクルマに興味を持ったのは、幼稚園頃だったよね。妙に市バスに興味を引かれたのよ。見ていると来るバス来るバス、ライトの台座みたいな部分の形とか、いちばん後ろのクオーターウインドウの形とかが微妙に違って、それが気になるわけ(笑)。
沢村:そのころの自動車雑誌って何ですか?
齋藤:ドライバー。
沢村:ドライバーかあ。そうかそうか。
齋藤:ドライバーは暫く買ったのかなあ。ドライバーを買いつつモーターワールドを買ってたな。モーターワールドっていう、すぐ休刊した自動車誌があったんですよ。ドライバー、モーターワールド、モーターファンと進み、スーパーカーブームが来てモーターマガジンを買うようになったの。巻頭がスーパーカーばっかりで。
沢村:そうでしたね、あのころは。
齋藤:で、中学2年くらいでカーグラフィックに辿り着いたのよ。たまたま友達の家に遊びに行ったらお兄さんがカーグラの読者だったの。それを見せてもらって、こういう本があるんだと思って。高いけどモーターマガジンはやめてカーグラにしよう――ってのが中学2年のときかな。だから本物の自動車というより〝自動車雑誌ちゃん〟ですよ僕の場合は。ただ運転そのものは小学5年生のときに覚えたから。そのころ仲よくなった友達と、飛行機のラジコンを工業団地で飛ばして遊んでいたんだけど、そこまで友達のお父さんが、仕事に使っていた360ccのダイハツのハイゼット、ほら2ストの2気筒のやつね。ワンボックスだから飛行機も二人分、載せられるわけ。それで連れていってくれて、飛行機を飛ばし終わったら、「じゃあ運転でもやってみるか?」と言って運転させてくれて。

沢村：あのころは、クルマに関する知識やノウハウを社会全体が共有してましたよね。

齋藤：そうそう。

沢村：エンジンはなんで動くのかとか、子ども向けの冊子を小学校で無料配布してたりした。自動車メーカーが社会に認知してもらうためにやってたんでしょうね。

齋藤：あのころ日本でも自動車がちょうど普及し始めた感じだしね。

沢村：国民的関心事ですよね、新型車なんかもう。

齋藤：国民的関心事というより、クルマに興味がないとは何事だっていうような状況だったからさ。熱にうなされたようにね。だいたい男の人はクルマに興味を持って、サラリーマンでも月賦でクルマを買ってた。子どもが男の子だったり親戚の子どもが来たりすると、「ちょっとドライブ行こうぜ」とか言ってクルマ自慢が始まるわけだよね、子どもに対して。

沢村：おっさんが何人か集まるともうクルマの話ですもんね。今度のあれはどうだとか、おまえが買ったのはこうだとか。

齋藤：そうそう。山道へ行っちゃあ飛ばしてくれたりとかさ。

沢村：今でも憶えてる。開通したばっかの東名で〝メーター盤の掃除〟だって最高速アタック。
齋藤：だから都会でも田舎でも、男の子だったらごく自然にクルマに興味を持つよね。
沢村：親の世代が軍国少年でしょ。飛行機が憧れじゃないですか当時は。戦闘機乗りが男の中の男でいちばん偉いっていう価値観が、なんとなく染み込んでるんですよね。
齋藤：そうそう。
沢村：おれたちやその上の世代にスポーツカー好きが多いのは、戦闘機の代わりでしょう。
齋藤：そう。敗戦国で戦闘機を作れないから。
沢村：今の子はそれがガンダムだから、ＳＵＶになっても仕方ないなと思います。どっちが正しいとかじゃなく、価値観が全く違う。
齋藤：スポーツカーがいちばん偉い時代だったからねえ。トヨタ２０００ＧＴだとかフェアレディＺだとか、ふたりしか乗れないスポーツカーだからすごい高嶺の花で。それが実際どんなもんかは別としてね。そういう時代だよね。
沢村：中古の軽やカローラやサニーに乗りながら、でも話題としてはみんながＺやハコスカの話をしてる。
齋藤：買い換えるときは、とにかく次のクラスへ次のクラスへって。少しずつ大きくなっていって、いつかはクラウン、セドリックみたいな話だったわけだよね。
沢村：その価値観が共有されてた。１億人に。
齋藤：そうそう。
沢村：そんな環境だから、とりたてて自動車マニアでなくても情報とか知識とか体験は普通にありましたよね、今と違って。
齋藤：親父が「漸くうちにもクルマが来た」なんて言いながら誇らしげに毎日、洗車してたりとかさ、そういうのがごくあたりまえの光景だったから。まあ男の子は大概、クルマ好きになっていた時代だよね。今で言うと、猫も杓子も、小学生までもが持ち始めたスマホと同じ。
沢村：そうそう。新しいｉＰｈｏｎｅがどうだとか話をしているのと一緒ですよね、カローラが新しくなったとかって。
齋藤：同じですよ。
沢村：おれの場合、カーグラは高校に入ってからです。同級生に運送屋の社長の息子がいて、大学に入ったときに９３０ターボを買ってもらうんだけど、そいつが高校のころからカーグラを読んでいて、学校に持ってきてたわけですよ。それを見てからかな。
齋藤：じゃあ免許はいつ取ったの？
沢村：高３の夏休みから通い始めたけど、エスカレーターとはいえ早稲田に推薦で入るためにある程度の成績は必要だったんで、夏休み中には終わらなくて。教官と喧嘩もしたし（笑）。結局、春休みに取りました。
齋藤：それはおんなじだなあ。
沢村：そのころはもうほら、夢と希望に燃えてるから、カーグラを毎日のように読んでました。30日の夕方に神保町へ行くと並んでるんです。
齋藤：都会はいいよなあ。田舎は１日にならないと入らないんだよな。
沢村：あの厚いのを端から端まで、広告まで読むと一日かかるじゃないですか。買った日は齧りついて読む。
齋藤：僕も似たようなもんですよ。
沢村：おれはカーグラを買うからおまえはモーターマガジンを買えとかね。みんなカネなくてひとりで2冊は買えないから。
齋藤：それで大学の専門はなんでしたっけ？　歴史？　美術？　美術史でしたっけ。それは何学部になるんですか？
沢村：文学部の美術史専攻です。歴史の教科書で、時代ごとの章の最後に載っているじゃないですか美術が。美術史っていうと創作するほうだと勘違いされるけど、実は歴史学の一部なんです。
齋藤：史学の中の美術のことなんだ。
沢村：なんですけど、西洋が確立した遠近法とか黄金分割とか象徴学なんかのロジックも教わるんです。「美とは何か」みたいな哲学も。グッドデザイン賞の選考をやったときにそれが結構役に立ちました。
齋藤：そういうことをやったんだ。
沢村：結構マジメに学校行ってたんですよ。学芸員の資格も取ったり。東京の繁華街で遊ぶのは高校生のときにやってたから勉強のほうが面白いわって。
齋藤：東京だねえ。
沢村：期末試験の打ち上げは原宿ペニーレーンとか。
齋藤：はあ。
沢村：打ち上げ会場の同級生の家から近かったからなんですけどね単に。手近なメシ屋行くのと同じ感覚。でも、そういうのが行動範囲だから、六本木に行くとロアビルの交差点のとこにカウンタックが駐まってるみたいなのは普通に見てました。だから外車もスーパーカーも別世界の夢物語じゃなかったですね。

齋藤：東京ってお金持ちだよなあ。

沢村：自分じゃせいぜい中古のカローラくらいしか買えないことが分かってるのに、天辺まで見通せるわけですよ目の前の現実として。

齋藤：開業医が乗っている3ナンバーのクラウンあたりがピークだもんな、田舎だと。

沢村：実際はそうなんですよこっちも。普通の人は4気筒で、6気筒はお医者さんとか金持ちの家にしかないわけですよ。そこは一緒です。ただカウンタックやBBまで実物を見てるだけの話で。だから余計に、やるせない……。資本主義の冷たい現実がそこにある。

齋藤：でも実物を見られるってのはいいよね。雑誌でしか見たことがないんだからこっちは上京するまで。

沢村：あのころ、外車を買うのは普通の人じゃなかったですよね、お金持ちの中でも。医者でビートルに乗っているとかいう人は別にして。

齋藤：お医者さんでも輸入車っていったらビートルとか、あとはせいぜい……。

沢村：せいぜいボルボ。

齋藤：そうだよねぇ。田舎でもそうでしたよ。お金持ちでもクラウンやセド／グロの3ナンバーあたりで、舶来もんにはなかなか……。

沢村：という中で、スーパーカーって、なんかこの世のもんじゃない。カローラやサニーが日常風景なのに、いきなりあれが駐まってる。クルマじゃなくてもうＵＦＯですよＵＦＯ（笑）。
齋藤：言えてる（笑）。
沢村：スーパーカーはともかく、色々な国籍の外車は身近にもいましたね。おれが生まれ育った台東区のほうって自営業者の若旦那が多いんですよ。そういう人たちは社会的な縛りが少ないから、例えばシトロエンに乗っていたりする人なんかが結構いました。
齋藤：シトロエンなんて宮城じゃ見たことない。
沢村：80年代に入ってゴルフがＣセグメントの王道になっちゃうけど、その前はシトロエンＧＳがいたりフィアット１２８がいたりしました。小さくて安く買える輸入車に趣味人が乗ってて、あそこの若旦那、クルマ好きだからで済んじゃう。ドイツ車一辺倒になる前は東京の外車世界は結構バリエーションに富んでました。初代フィエスタがいたりオペル・マンタがいたり。
齋藤：東京だとそうなんだ。
沢村：ところがですね、大学に入るころになると、カーグラを読んでビーエムの３シリーズの記事に洗脳された同世代が、なんかシルキーシックスとか譫言のように呟きつつ、寝ないで鬼バイトなんざして、中古並行のＥ21系のオンボロ３１６とかを必死こいて買うわけですよ。
齋藤：３１６って４発だよねえ。
沢村：そう４発。シルキーシックスじゃねえじゃんと（笑）。ところがですね、乗せてもらうと、そこで初めてボディ剛性とはこれなのかと分かっちゃうわけです。ドアを閉めただけで、これがヨーロッパ車のボディ剛性なのかって。おー、カーグラに書いてあるとおりじゃんかと感動する。あの4発だって、日本車の4発とは違うじゃないですか。それでぶったまげるわけですよ。大学に入ってちょっとすると、そうやって外車が少しずつ身近に入ってくるんです。飯もろくに食わずにクルマに注ぎ込むって、あのころは別に変じゃなかったですよね。

齋藤：特に自宅から通える子はそうだよね。僕の同級生も、いきなり出たばっかりのシティ・ターボを買ってた。で、納車されて1週間でシロッコと信号グランプリかなんかやってさ。ごろんごろんて転がって全損（笑）。残ったのは借金だけみたいな、そういう奴いた。

沢村：初代のやつでしょ？　友達が買って、伊豆に一緒に行って、やっぱりタイトコーナーで真っ直ぐ行っちゃって「ああこれかアンダーステアてのは」って実地学習する（笑）。

齋藤：お金持ちの女の子は赤いファミリアとか乗ってたなあ。3ドアのゴルフみたいな形の。

沢村：それはすごい。だってあれ、皆が憧れた最高級グレードXGはMTのみでしたよね。

齋藤：でも乗ってたよ。あのころって、高級車は別だけど、大衆車や小型車でオートマなんて運転が下手な人が燃費の悪さを承知で乗るものというかさ。「え、オートマに乗ってるの？」っていう感覚が普通に社会通念としてあったからね。

沢村：でも外車ならオッケー。ZFのATもアイシンやジヤトコのと全然違ってて驚いた。そうだなあ、大学時代はビーエムの天下でしたねえ。上の世代だとビーエムと言えばマルニで、クルマ好きはマルニかアルファなんだけど、排ガス規制やサビ問題でアルファが失速したから、おれたちのころになるとビーエム一色でした。
齋藤：大学のころはもうバブルが始まって、すごい勢いで盛り上がりつつあった時代でしょ？
沢村：はっきり憶えているんですけど、東京の人間の感覚だと1984年くらいからですね。神田に住んでいた高校のときの同級生が、家が2億で売れたとか。
齋藤：地上げで。
沢村：だからバブルはそこから始まっている体感なんですよ。
齋藤：まだ大学時代だよね。
沢村：70年代の象徴は、ダルマセリカとかケンメリとか棺桶ローレルの暴走族でしょ？
齋藤：うんうん。
沢村：ひね媚びたアメ車みたいな暗いイメージから一気に、赤いファミリアとかのクリーンで明るい80年代に目覚めるわけです。
齋藤：アメ車じゃなくてヨーロッパ車の影響が国産車に、すごい勢いで入ってくるんだよね。
沢村：記憶の中でヨーロッパ車とバブルって重なってるんです。となると、おれたちの時代はこっちだと思い込んじゃうわけです。今さら日本GPとか箱スカとか言ってんじゃねえって。
齋藤：そうねえ。
沢村：なんだけど、足まわりとかボディ剛性とかエンジン性能がついてこないわけですよね、カッコは変わっているけど。
齋藤：うん、ゆるゆる（笑）。
沢村：かくも日独の懸隔は強烈なのかと。そのころ、ええと大学5年のときかな、伊藤忠の営業上がりの人がやっているアルファロメオの中古屋さんに連れていかれたんです。それってまた別の世界じゃないですかビーエムとは。当時だとアルフェッタなんですけど、売れ筋はひとつ前の世代のジュリア・スプリントGTとか、ジュリア・スーパーとか。あれには魂消ました。
齋藤：それはアルファロメオを「ロメオ」って呼ぶ（笑）おじさんたちの時代ですよね。
沢村：バブルが始まってる時期の中古車屋さんてもう適当で、連れていってもらった先輩が売り物を借りて帰るの。ディーノ246gtを借りてったこともあった（笑）。これは巨人の某選手が買うって言ってるからダメだよぶつけちゃとか言われてたけど。
齋藤：そうこうして5年かかって大学を出る。沢村さんは1学年上だから、社会に出たのが85年でしょ？
沢村：そうです。
齋藤：僕も5年かかって出て86年だから。
沢村：なんだ一緒だったんですか。で、卒業してみると世の中はもう景気がいいわけですよ。一流企業に就職した友達は普通にいい給料をもらって、80年代のきらびやかな生活をしていて。だけどおれは菓子屋を継いでいるから……。
齋藤：就職しないで家業を手伝ったの？
沢村：就職活動はしたんですよ一応。某テレビ局は重役面接まで行ったなあ。だけど、なんかいいやって思っちゃって。
齋藤：じゃあ、いきなり菓子を作り始めたの？
沢村：ほら、あの時代ですから家の仕事は4～5歳から手伝わされてるわけですよ。最中を和紙で包装するくらいは幼児でもできますから。
齋藤：そんな小さいころからやってるわけだ。
沢村：昭和30～40年代まではガキは労働力ですもんね。配達も行かされるし。菓子屋の年末って忙しいんですよ。
齋藤：作るほうも手伝ってたの？
沢村：工場は別にあって、年末年始やお節句とかの繁忙期はそっちへ行かされるんですよ早朝に叩き起こされて。だからゴールデンウィークに遊んだことがなかったんですおれ。初詣も行ったことなかった。起きてからずーっと寝るまで働かされて。今なら立派なブラック労働。というか児童福祉法違反（笑）。
齋藤：そうなんだ。
沢村：年末なんて、お年玉とバイト代を一緒にされて。これバイト代じゃないの？　お年玉？　どっち？　みたいな（笑）。
齋藤：という慣れ親しんだ家業を継いだんだ。
沢村：そう、3年だけですけど。
齋藤：3年、菓子作りに専任したの？
沢村：朝からどら焼き焼いてましたよ。銅板乗せた炉の前で油だらけになって。
齋藤：すごいね。
沢村：すごくはないですって。物心つくころから見てる作業ですから。ただ、その経験があるから自動車雑誌の生産についての記事を見るたびに思うことがあるんです。〝日本のものづくり〟とか言って感動巨編やら浪花節みたいな原稿を書く人がいるでしょう。そういう記事を書く人って、大概は親が人を使う側なのに気づいた。親が命令して働かせる側。だから、工場で働いてる人の話を浪花節で書いちゃうのって、その裏返しのコンプレックスだよねたぶん。あのですね、おれはガキのころ周りは提灯屋だったり鰻屋だったり、職人の家庭なわけです。

齋藤：そういう土地柄だったと。

沢村：職人ってね、使う側よりずっと安い収入で、しかも食いっぱぐれしなくたって一生その額が変わらない人生を生きて死んでくんです。なのに誰にも言われないのに勝手にこだわる。こだわりの職人なんて感動巨編の浪花節原稿にゃやたらと書いてあるけど、こっち側から言わせると、こだわらない奴は職人じゃあない。只のボンクラですぜ。だからどの仕事場にも、例えばトヨタが工場でやっていることと同じ種類のノウハウがあるわけです。製造精度の向上あたりまえ。不良品率の低減あたりまえ。気温や湿度が変われば餡子やどら焼きのタネの配合を変えるのはあたりまえ。タイヤメーカーが季節ごとにゴムの配合を変えるのと同じことです。だってそうしないと食っていけない。だから、自動車メーカーへ生産の取材で行っても同じ延長線上だなと思うだけで、別に感動はしないんです。大変だなとは思います。これを一生続けるんだもんなって。おれは続けられなかったから余計に。そういう目で見てると、クルマ業界に限らず、ものづくり浪花節を書く人は何か恐怖があるんじゃないかとすら思う。地位や肩書を剥ぎ取られて裸一貫になったら、ものを作ってる人間に敵わないっていう強迫観念が。

齋藤：なんで3年で辞めちゃったの？

沢村：職人さんの後継がいなかったんです。どこも似たようなもんでしょうが、うちは昔の産業形態でした。子だくさんの親戚から来てもらって、子どものころから住み込みで丁稚として働いてもらうっていう、江戸時代以来のあれだったんです。職人さんがふたりと女中さんがひとり同じようなパターンで働いてたんですが、皆さんもう70近くなって、もうそろそろ身体が無理だって話になった。和菓子屋って結構肉体労働なんです。ところが新卒を雇おうとなると、80年代ですからもう時代は変わっていて、菓子の専門校を出た若者を雇ったら月給30万が相場とか。継いでたおれの手取りが10万かそこらですからね、払えるわけがない。これは先行きがないやって言っていたところに地上げ屋が来たんで売っちゃったんです。親父も、もういい、やめようって言うから。

齋藤：店を丸ごと売っちゃったの？

沢村：故事どおり、きっちり三代目で潰しました（笑）。売り家と唐様で書く三代目。

齋藤：でもさ、店を手放したら職がなくなるじゃない？

沢村：親父とお袋が一生食っていくぶんは店を売ったお金でなんとかなるとして、待てよ、おれの仕事がないじゃんって（笑）。そしたら大学のときに付き合っていた彼女が仕事を紹介してくれた。食い詰めて元カノの世話になる三代目。情けない（笑）。それで広告屋に入ったんです。もうバブルで人手が足りなかったから、さくっと雇ってくれた。

齋藤：広告屋さんてのは広告代理店？

沢村：レコード会社がメインの広告代理店で、BMGとかポニー・キャニオンとかテイチクとかアルファ・ムーンとかコロムビアとか担当してました。B'zはデビューアルバムから出稿貰いました。キャニオンは男闘呼組や光GENJI。ジャニーズは仕事が凄くきっちりしてた。山下達郎さんは自分で広告の色校を見るみたいで色の出に厳しい。ジャケ写のフィルムが広告用は複写の複写の複写だから色なんか出るわけないんだけど、それでもクライアント様のご要望だから日曜に板橋凸版の工場に行って現場交渉したりとか（笑）。

齋藤：そういう代理店に入ったんだ。

沢村：初日から朝10時に行って帰りはタクシーですから。電車がなくて。菓子屋に引き続きブラック労働（笑）。夜に飲み屋で接待しても、定時は10時なんだけど9時に行かないと終わらないから早く行ってたくらいで。そのときですね、あまりに身体がキツいのでヤケクソになってアルファロメオでも買ったろかいって。

齋藤：いきなり買っちゃうんだ。

沢村：なにせバブルなんでローンはその場で簡単に通っちゃう。小さい会社なのに多少は給料をくれたのでローンは払えるだろうと。でも頭金がない。で付き合ってた彼女に出してもらった。オンナにカネ出させてイタ車買う。ロクデナシっぷりが半端じゃない（笑）。あとで返しましたけど。
齋藤：何を買ったの？
沢村：２代目のジュリエッタ・セダンです。アルフェッタのちっこいやつを。
齋藤：ああ、トランスアクスルの、ハイデッキのやつね。
沢村：当時、伊藤忠ものは英国仕様の右ハンかスピカ製インジェクションのトロいUS仕様で、ロクなもんじゃないのは知ってたからそれなら無視でしたけど、たまたま日英自動車が少しだけ入れてた欧州仕様の２ℓのが見つかって。
齋藤：和菓子屋さんからサラリーマンになって、いきなりアルファロメオ買っちゃうんだ（笑）。
沢村：買っちゃうんですよ（笑）。でも世の中はもっと派手でしたよ。
齋藤：まあそうだけどね。広告代理店の仕事は何年やったんですか？
沢村：３年です。皆さん、今の姿からは想像がつかないって言うんですけど、自称じゃ優秀な営業マン（笑）。３年目はひとりで年間６億とか売り上げてましたから。まあ営業努力なんかじゃなくて好景気のおかげなんですけど。
齋藤：次に何をしたんですか？
沢村：広告代理店にいたころにジャケットやプロモーションビデオの制作を外注していた先が、雑誌も手がける制作プロダクションだったんですよ。そこの人が、カーＥｘって自動車雑誌の特集ページの編集を丸ごと請け負うことになったんだけど、ディレクターがいないからやらないかって。クルマ好きでしょって。
齋藤：はー。それでプロダクションに入るの？
沢村：20ページとかの特集記事を振ってもらう形のフリーランスとして受けました。でページ作りの具体的な方法論を教わるんですけど、そこは基本が広告制作の会社だからノウハウは全部、広告のそれなんですよ。だから取材撮影の前に、まず完璧にコンテを描いて、カメラマンと事前にロケハンに行ってました。
齋藤：一般誌の作りかたですよね。専門誌の作りかたじゃなくてね。
沢村：特集はこっちがそういう作りかたで担当して、専門的なページは、森慶太君や小沢コージ君がいたP5というプロダクションで作るっていう振り分けでした。
齋藤：そこで沢村さんと僕は、かなり近い距離まで来てるのよ。僕が二玄社を辞めたときP5は立ち上げ直前で、主宰者は僕も人員の勘定に入れていたわけ。でも、その前にネコ・パブリッシングのカーマガジンからお誘いの電話がきて、じゃあせっかく声をかけてくださったんですからお世話になりますってことになってP5には行かなかった。P5に入っていれば、そのときにたぶん、沢村さんと会っていたんだよ。
沢村：結局、会うことなく齋藤さんはカーマガジンを離れるんですよね。
齋藤：そうそう。別に新車誌を作ることになって、そっちに異動したの。人が足りないからP

5から森君をリクルートして、オートエクスプレスって雑誌を始めた。だけど1年間、13号でぽしゃるわけ。それで森君は版元を離れることになるんだけど、ひとりだけ辞めさせられないでしょ僕が呼んできたんだから。だから僕も一緒にって話になって一度辞めたわけ。このときにまたP5に加わるって話になるの。ところがP5の社員じゃなくて、フリーランスでカーExを一緒にやってくださいって話になって。

沢村：第3期ですね。P5が丸々一冊受ける体制に変わったとき。その時期になると、おれはもうカーExの仕事はお手伝いくらいでした。

齋藤：だからそのときもまた沢村さんとは、すんでのところで擦れ違いなのよ。

沢村：こっちのプロダクションは入れ替わりにくるまにあって自動車誌の編集を受けることになった。齋藤さんも、そのころくるまにあには書いてたか。何回か仕事でお目にかかりましたよね。でも、おれは一介の編集請負いだし、齋藤さんはカーグラのころから記事を読んでいる評論家の先生だから、対等には接せられるわけがない。カーグラのE36系3シリーズの海外試乗記なんか畏れ入ってた。今でも憶えてます。この人すげえって。

齋藤：僕はフリーランスとしてカーマガジンやくるまにあで仕事をやってたんだけど、そのうちにまたカーマガジンに戻ってこいと言われ、今さら戻れないよと断ったんだけど、結局は専属でやるってところで折れて戻った。そうだ。カーマガジンの〝車会〟で会ってたんだっけ？

沢村：そう。最初は車会ですよ。
齋藤：車会かあ。カーマガジンの新車を誰に書かせるかというときに、僕と森君と、あともうひとりってことで沢村さんの名前が出たんだ。
沢村：カーマガジンの当時の中尾編集長が、たまたまカーＥｘの特集を制作していたプロダクションの社長のストラトスを借りに来てて「誰かいい人いないですか」って話をしたらしい。「おう、ならこいつ今、仕事ないから」って言われて、彼がカーＥｘやくるまにあでおれの原稿は読んでくれてて、じゃあって話になったんです。また瀬戸際で失業を免れた(笑)。
齋藤：それでカーマガジンにレギュラー執筆陣として加わったんだよね。
沢村：で、しょっぱなの話に戻るわけですね。えと物書き沢村慎太朗のデビューは、その前のくるまにあのころ。24ページの特集のうち20ページをおれが書くことになったとき、それだけのものを編集部原稿ってのはナシだろうという話になり、じゃあ名前をつけるかとなって沢村慎太朗に決まったんですよ。だからおれデビュー原稿が20ページなんです。いきなり長いんですよ。初めての著書『スーパーカー誕生』が８００ページ超なのも何かの因果かと。
齋藤：その特集はフェラーリ３２８の？
沢村：そうです。おまえ持ってるんだから自分で書けって話になって。
齋藤：じゃあその前は本名で仕事してたの？
沢村：そう。だって短い編集部原稿とかキャプション書いたりするだけで、仕事の中心は編集ディレクションだから、黒子みたいもんです。
齋藤：あー、あれと同時にペンネームができたの。だから突然、彗星の如く現れたみたいだったんだ。そのあとオートカー立ち上げの話が出て、沢村さんと僕に、一緒にカーマガジンを離れてオートカーをやってくれって話になった。
沢村：そのころおれはベンツもビーエムも個人で試乗会に呼ばれてて、結構フリーランスで食えてたんです。ところが、ちょうどそのころにガキができて結婚することになったの。
齋藤：あっははは！
沢村：てな状況下で「固定給これでどうですか？」って言われると、やっぱフリーランスよりはなあと……。
齋藤：ちょうどあの時期か。
沢村：そのタイミングじゃなかったらOKしなかったですね。他の仕事先もキャリアも全部捨てるわけだから。「オートカー編集部です」と言っちゃったら、もう個人では試乗会に呼ばれなくなるし、他の出版社の仕事はできない。
齋藤：そう。僕も、席を用意するからカーマガジンに戻ってくれって話を受けたときに、マガジンボックスと二玄社の仕事を捨ててるしね。二玄社はカーグラとナビを両方とも辞めているから雑誌の仕事はなかったけど、書籍編集部と翻訳本の仕事をしていたわけ。それを断ったから、じゃあもうお付き合いはなし、ここまで、って。
沢村：というわけで、あのタイミングじゃなかったらOKしてない仕事の話に乗ってみたら、そこでついに齋藤さんと一緒になったのでした。

齋藤：初めて同じ編集部で席を並べることになったわけね。
沢村：一緒といっても仕事の割り振りでは違う方向でしたよね。おれは業界プロパーのページは齋藤さんにお任せ。こちらはカーExで特集を一般誌みたいに作ってたので、そういう方向性のページは齋藤さんじゃないので、そういう方向性の
齋藤：そうそう。洒落てるし、ビジュアルのインパクト作りは巧かった。
沢村：おれは、そちらの方向から物書きになったから、試乗会は呼ばれてたけど、評論家の先生がたとは違って所謂業界の構図には当てはまっていない異分子だった。メジャーのクルマ雑誌とメーカーの関係とか、やっぱり業界のルールってのはよく弁えてなかったわけです。
齋藤：業界のお約束みたいなやつね。
沢村：そういうのは齋藤さんに教わりましたよね。おれは今も昔も基本的に〝言うこと聞かない子〟で、それで通してきた子なのを、齋藤さんはたぶん分かってくれてたんだと思います。だから直接的に教えるんじゃなくて、それとなくスッと言ってくれる。「なるほど、そうだったか」って初めて分かる。そういうことが多かった。本当にありがたいと思ってます。
齋藤：いやあ、だってどう考えたってさ、カーExのページを見ても、328の記事を読んでも、この人ただもんじゃねえだろうってみんな思ってるわけですよ。それで車会に呼ばれて会ってみたら、すごい落ち着いてるように見えて、前のめりなところもあって。それは僕らの受けてい

た印象だけどね。話の弾む人だけど、だからといってこちらからガーガー言ったり、これはこうするんですよああするんですよって頭ごなしに言っちゃ失礼だろこの人には、って。俺たちよりこの業界のこと知ってんじゃねえの？　みたいに思ってるわけ、こっちは。

沢村：自動車会社の広告宣伝のスケールや出版ビジネスみたいなことは専門誌の世界の人より分かってたかもしれない。でも自動車会社の広報とメディアが形成する世界の独自ルールなんかは全く知らなかった。おれはオートカーには1年だけ在籍してフリーに戻るっていう約束をして加わったんです。

齋藤：それは最初から宣言してたもんね。

沢村：だから齋藤さんは、フリーに戻れるように仕事をうまく按分してくれてましたよね。編集部の原稿としては必要だけど、フリーがこれを書いたら色がついちゃってマズいよねっていうものを全部、齋藤さんが引き受けてくれた。それは本当にありがたいと思ったし、今でも頭が上がらないです。

齋藤：そうは言うけど、こちらも沢村さんには本当に頭が上がらないというか、足を向けて寝られない。いつだったか、フリーの時期にムックでフィアットの大きな仕事を振ってくれたんだよね。だけどそのころ色々あって、全く原稿が書けなくなったわけ。締め切りまでに書けなくて、代わりに全部、沢村さんが書いてくれた。

沢村：たぶん一生のうちでいちばん速く原稿を書きました（笑）。

齋藤：締め切り直前だからね、飛んだのが。
沢村：印刷所にもうあと1日しか待てないと言われて。喋ってテープに吹き込んで、横でバイトに雇った子にタイプして貰ったものを、おれが修正して原稿にしたんです。たぶん半日で全部、作ったんじゃないかな。20ページちょっと。生涯最高速。今じゃ無理あんなの絶対（笑）。
齋藤：すごいよなあ。
沢村：でも、あれは齋藤さんのフィアットの原稿をおれが読みたかったらお願いしたんです。お金になるから仕事しませんかって話じゃあなかったんです。
齋藤：いや何とも……。
沢村：齋藤さんはね、なるべくしてなったモータージャーナリストなわけじゃないですか。信念の人なんです。そこいくとおれは成り行きです。「食える仕事なんかない？」とか言っているうちにこうなった野郎です。あたらめて考えると今でもそのままなんだなあと思います。要はアマチュアなんですよ。それに比べて齋藤さんはやっぱり芯からのジャーナリストだなって思います。常に業界の最前線に居ようとしてる。
齋藤：業界の最前線っていうかねえ……。本当に〝書き〟だけのフリーランスをやってみて思ったの、自分には無理だ、これは続けられないって。こんなに原稿を書き続けることは自分には無理だって思ったのよ。あのころに。
沢村：でも、クルマについて書き続けることの第一前提は、クルマが次々と生まれてくる現場の最前線に必ずいることだから。おれなんかはジャーナリズムじゃあなくて、自分の思ったことをストレートに文字にする、ある種、極私的な原稿だから、どうしても是非は色濃く書いてしまう。すると試乗会に呼ばれなくなる。オートカーのとき書いた原稿に、ルカ・ディ・モンテゼモロ署名入りの抗議文をフェラーリ本社が送ってきたもんなあ。

齋藤：あれ何だったの？

沢村：フェラーリの製造品質がよろしくないって書いた。だって内装のゴムっぽい加飾素材があっという間に溶けてベトベトになるのはオーナーの間で有名だったし。なのに「わが社の製品は高品質である」って。こういう〝言うこと聞かない子〟のスタンスだと成立しないわけです最前線に居続けるってことは。

齋藤：まあ難しいよね。

沢村：という風にスタンスの違いはあれど、やっぱり齋藤さんはおれにとってこの仕事の大先輩なんです。未来永劫、頭が上がらない。都合キャリアは何十年ですか？

齋藤：１９８６年からだから32年かな。

沢村：おれはたかだか25年くらいですから。しかもアマチュアのまま（笑）。お互い歳は同じくらいでヘタり込む時期も変わらないだろうから、差は絶対に縮まらないまま終わる。というか、もはや単なるキャリアの長さだけじゃなく、その重みや内容も業界屈指の人なんだから、あと20年くらいは現役で書き続けてくださいね。

（２０１８年3月35日収録）

『午前零時の自動車評論』1〜7巻コンテンツ一覧

第1巻

感動のガヤルド　ランボルギーニ・ガヤルド試乗記
鉄チンホイールとプリウスα　トヨタ・プリウスα試乗記
78年ぶりの革新　バンク間吸気V8技術論
フランス人は心を入れ替えたか？　シトロエンC4試乗記
撥水剤は雨の日の敵　ワイパー技術論
軽トラ選手権　軽トラック試乗記
ふぞろいのカムシャフトたち　フェラーリF355技術論
BMWの懺悔　BMW5シリーズ試乗記
メーカーの信義　トヨタ・プレミオ試乗記
最後の大君　マセラティ・クアトロポルテ エッセイ
スイフト試乗記　スズキ・スイフト試乗記
鉛の醜話　ガソリン史
架空戦記　エッセイ
箱根の麓のプロフェッショナル　エッセイ
それは馴染んだのではない　ダンパー技術論

第2巻

鵺（ぬえ）　トヨタ86試乗記
青い光　ヘッドライト技術論
2の勇気　フィアット500ツインエア試乗記
ファミレスとトンカツ屋　NA系マツダ・ロードスター&AE86エッセイ
ラテン系の謎　エッセイ
良心は誰が作ったか　トヨタ・プロボックス試乗記
スピードのこちら側　トヨタ・セリカXXエッセイ
ボディ剛性を解く　技術論

第3巻

氷の宮殿　BMW850iエッセイ
灰色のジュリエッタ　アルファロメオ・ジュリエッタ試乗記
500Eだけの理由　W124系メルセデス・ベンツ500E
おれとZとスカイライン　エッセイ
スポーツカーを買うならば　エッセイ
アクア試乗記　トヨタ・アクア試乗記
推理小説「アルファロメオ・スパイダー」　アルファロメオ・スパイダー試乗記
アルミの咎　フェラーリF試乗記
ベンツに非ず　自動車史
楽園　カフェ・フォリオ エッセイ

第4巻

スーパーセブンの夜　エッセイ

11台のクルマ物語

自動車小説

沢村 慎太朗 著

本好き、クルマ好きのために沢村慎太朗が書いた11の短編集。自動車を巡って書かれているが、自動車は、けして「主人公」ではありえない。それであるからこそ「小説」として、文学として成立しているのだ。(解説のようなものより)

定価:1500円+税　ISBN978-4-904076-32-3

午前零時の自動車評論 選集 2011-2014

二〇一八年一二月二〇日 第一刷発行

著者 沢村 慎太朗
編集 星賀 偉光
装丁デザイン 木村 貴一
印刷・製本 図書印刷株式会社
発行人 平井 幸二
発売元 株式会社文踊社
〒二二〇-〇〇一一 神奈川県横浜市西区高島二-三-二十一 ABEビル四F
TEL 〇四五-四五〇-六〇一一

ISBN978-4-904076-72-9
価格はカバーに表示してあります。